Enjoy是欣賞、享受，
　　　以及樂在其中的一種生活態度。

20年美容美妝配方權威

張麗卿 著

不出錯的
保濕・美白

自序

　　《化妝品達人LESSON 3——不出錯的保濕・美白 》與《化妝品達人LESSON 4——不出錯的防曬・抗氧化 》延遲了兩個月才完成。兩個月裡，穿梭在實驗室反覆試驗確認，兩顆眼珠子泡在堆疊得跟身高一般高的產品資料中，與五百瓶來自一百個品牌的保養品朝夕相處，為的就是要給讀者一個「合理的交代」啊！

　　一直以來，忠實讀者比喻我在化妝品知識的推廣上，向來是「只教人釣魚，但不給魚吃」。這樣

的堅持，或許犯了理想過高的毛病，自然有曲高和寡之憾。多數的化妝品購買者，在仍學不會釣魚的情況下，還是「重度依賴」報章雜誌的評選與名人推薦。

我是化妝品配方專業人，心裡很明白廣大讀者對我的殷切期盼是什麼。評選商品，對我來說，本來就是能力以內的事，真正難在「要做」或「不要做」。如果要做，就要讓這個評選工程，達到寓「教」於「樂」的目的！也就是說，我的目的，還是想藉由推薦的產品，更近距離的透過產品的剖析說明，教導大家往「懂」保養品之路前進。而讀者最樂於見到的，

就是我的推薦吧！

　　這是一種新的嘗試。當我想把更多珍貴的知識普
及化的傳達出去時，我必須使點「手段」，引起大家
閱讀的興趣。請相信，只要您用心閱讀，會在Lesson
3 與 Lesson 4 這兩本書中挖掘到更多知識的保障。

張麗卿

導讀

　　「化妝品達人系列」的推出，旨在透過專業人的
協助，提升讀者對化妝品的正確認知，進而自我養成
能幫助自己的化妝品達人。

　　《化妝品達人LESSON 3──不出錯的保濕・美
白 》與《化妝品達人LESSON 4──不出錯的防曬・
抗氧化 》，乃針對台灣保養族群最關心，也是最大需
求的四大保養議題──保濕、美白、防曬、抗氧化，
針對保溼與美白做全面的成分概念剖析介紹，並將成
分的價值與產品的型態相連結，讓讀者更清楚了解，

一支好的保養品，不是賣點成分很豐富就是好。書中同時引導讀者認識市售產品，幫助讀者進一步具有比較、挑選優質商品的能力。

　　並以Lesson3與Lesson4，將四個單元子題──保濕、美白、防曬、抗氧化，分別以「完美保養的祕辛」、「優質產品看過來」、「優質品嚴選推薦」，來帶出效率的保養法與理想的保養品。Lesson3，先談保濕與美白兩個單元。Lesson4，則為防曬、抗氧化單元。

　　書中同時募集100個品牌，超過500個商品，自願
參與評選。經過挑選梳理之後，列出水準以上的優質
商品，做專業評析與用法建議。此外，再從其中精選
出最具代表性的經典優質商品做「嚴選推薦」。

楔子

在《LESSON 1——品牌沒有告訴你的事》與《LESSON 2——保養品和你想的不一樣》中，已陸續的釋放出這樣的訊息～來自高分子物質營造出來的濃稠質地產品（**像是精華液、凍膠**），這類商品，典型的是以運用較高比例的水性高分子膠，來營造物超所值的濃純感受。**塗在皮膚上，對營養成分的滲透，是一種強力的阻礙。**

所以，我主張並推廣**「要追求效率科學的保養，就不要先擦這一類濃稠膠質的保養品，而是先擦小分子物質，後擦大分子物質」**。

消費者困惑了，品牌也瘋狂！

這期間，當然遇到很多的讀者、品牌的疑難提問。

讀者會急於想瞭解：像是「在現有保養品的使用上，如何重新調整先後順序？」像是「如何判斷小分子、大分子、高分子物質？」像是「**濃稠質地**就是所謂的高分子膠造成的嗎？」或者是「**質地不動如山**的保養品，就是所謂的含高分子膠者？就是要擺在最後才使用嗎？」

品牌其實也為此感到困擾，因為商業化的保養品，為了營造出更好的質地觸感、也為了使行銷話術更具有賣點，所以也就多半不去理會小分子、大分子、劑型、高分子膠等等問題。

在配方上與使用順序的安排上，也多半會遷就一般人的習慣偏好，也就是「凡是水性質地者就先擦、油性質地者擺在後頭再擦」，**造成「成熟」的市售商品，反而有著「不成熟」的配方、「不求效率」的使用建議。**

對品牌來說，要去收拾這堆爛攤子，想當然爾，一時間並不容易，但這只是時間長短的問題，假以時日，必然回歸正道。因為科學真理只有一種，追求效率、追求合理的保養概念者，總會因為自己的身體力行而驗證到這樣的事實。

濃稠膠質產品，一無可取？

我在推廣一個新的理念時，目的不是去推翻舊有商品的價值，而是引導大家用新思維去看產品的真正價值。

　　濃稠膠質在保養品中，正向扮演的，有可能是一種載體（**可包覆保護營養物質**）、也有可能是一種緩釋機制（**有效成分的緩釋作用**）。所以，要能夠「用對」與「會用」，才能發揮高分子膠質的價值，發揚它在皮膚保養上的正面貢獻。

　　什麼是用對與會用？舉例說明會更清楚。

　　譬如說，面皰型肌膚，**使用含有殺菌劑的藥膏**，也許含三氯沙或過氧化苯醯或雙氧水等，這些成分擦在皮膚上，都**不適宜立即快速的釋放**成分。因為「瞬間」的高濃度，對患處的理療效果並不是最好，而緩慢的釋出活性成分，做濃度上的控管，對病灶處反而是比較穩定的投藥方式。

　　譬如說，維生素A酸、果酸、維生素C等製品，**直**

接使用，特別是高濃度時，**會有明顯的酸刺激。配合適當的膠質，則可以緩和酸的立即刺激。**當然效果也會打折，不過這也是成全能順利無障礙使用的一種權宜作法。

譬如說，敏弱型肌膚與傷口性肌膚，屬於**肌膚屏障牆出現漏洞的狀況，使用以膠質為主要基質的保養品，可以大大降低肌膚刺激反應。**這是因為膠質本身對皮膚是安全的，分子又大，除了自己進不了皮膚，同時也擋住其他成分快速或大量進入皮膚。

譬如說，單純的**以保濕為目的**的保養品，只需要幫忙角質層抓住水分，這時候當然有足夠的理由說**凝膠型產品更保濕更適合。**

理想與現實間，取得平衡！

商業化的產品，不是單純的以科學、理性、實用、有效為設計理

念，還要顧慮到賣相、質地、觸感與整體提供的美麗感受。這樣的事實，讀者必須明白且釋懷。

所以，儘管一直以來，您一直沒能用對商品、沒能用對方法保養，也不用忿忿不平地認為是受到商業欺騙。事實上，那就是多數人能接受的習慣用法，多數人喜好的商品型態。而現在您要進一步了解的是**「多數人」認同的，不一定對，也不一定最好，更不一定適合你**。

寫這本書的目的，不在歌頌或撻伐品牌商品的優劣，而是在傳承正確的保養思維，它同時包括**「有效率的保養法」**與**「更理想的保養品」**。書的內容是引導大家往前進步，不要無力的不願割捨錯誤。（**品牌與讀者皆然**）

我熱愛這樣的工作，執著這樣的傳播，未曾預設立場，無所謂得罪品牌或業者，信筆寫來坦坦蕩蕩。也相信有緣閱讀的讀者，將因此而美得更有效率更有智慧。

目錄

PART 1 保濕篇
完美保濕祕辛

優質保濕產品看過來

保濕品嚴選推薦

PART 2美白篇

完美美白祕辛

優質美白產品看過來

美白品嚴選推薦

PART 1
保濕篇

完美保濕祕辛

全民瘋保濕，錯誤的真實現象

保養品市場超級「瘋」保濕，春夏秋冬都有一定得加強保濕的理由（**其實多半時候是行銷話術，非真的得如此重口味地保濕**）。舉凡美白、抗老、除皺、防曬等功能性的保養品，甚至是洗面乳、護唇膏、睫毛膏、完妝散粉，也必然添加聲稱「非常保濕」的成分。久而久之，大家也都被教導成保濕很「重要」，借重保養品來加強保濕很「必要」。

據「調查」了解到，現代人對保養品的選擇，偏好多功能的產品，最

好能「美白+保濕+抗老化+膚質細緻光滑」等樣樣功能都到位，功能越多就越受歡迎，就賣得越好。

為什麼現代保養族，都有志一同地認為「**一瓶保養品裡，功能越多越好**」呢？除了認為能一次滿足肌膚所有的需求、品項簡單、使用方便與價格實惠之外，這種**全效或多效（Multi-Purpose）的共識，主要還是來自於商業化的置入性行銷**洗腦使然。

充斥在你的視覺聽覺之前的媒體保養訊息，其實多數是化妝品公司釋放出來的，就算是透過記者的筆，記者取得資訊的來源，多半還是來自於品牌。

走在化妝品教育推廣的這條路上，不得不感慨，媒體不發達的時代，大家的保養知識低落，傳遞正確知識者，耕耘的路倍感艱辛。

而好不容易等到這個媒體發燒的時代，大家的保養認知卻因為資訊氾濫而錯亂了，再度傳遞正確知識的難度，竟然是要在一百個訊息中，與九十九個偏頗失真的相抗衡。

消費者能發現到正確的資訊，算是運氣好。沒發現的，就只能繼續盲目的道聽塗說，帶著錯置的概念過日子了。

皮膚需要的保濕，非一定依賴保養品

肌膚要維持正常且健康的運作，保濕這件事，確實馬虎不得。

正常人的皮膚，需要適當的保濕。這「適當」的意思，是讓**角質層的水分維持在20～35%就很足夠**了，這樣對表皮最有利。更明確的說是對角質層的代謝與更新最好，也最健康。

不正常的皮膚狀態，像是皮膚受傷（**擦傷、打了雷射等**）、角質層鬆散剝落、顆粒層嚴重受創、極乾性肌膚、敏弱型肌膚等的情況，就**要視實際狀況，提高保濕度**。（且要配合所處環境的溫濕度調整。）

偏乾的肌膚，角質層的含水量遠低於20%。**受傷的肌膚，角質層不扎實，漏洞百出**，甚或第二層顆粒層、第三層棘狀層的活角質細胞已經裸露在外了（**像是果酸換膚、磨皮、雷射等情況，就是典型的活角質細胞已經曝露在空氣環境中**），這時候就**必須大大地借重外來水分加以補充**，含水量甚至要補強到60%以上，否則皮膚組織無法得到合理的濕潤環境，肌膚乾癢不舒服，再生效率也跟著不好。

在夏天，正常的肌膚可以藉著汗腺不停地出汗與無感蒸汗來自動補充角質層的水分。**當皮膚發汗到讓自己覺得黏、悶與不舒服**，其實這時角質層的水分，早已超過35%了，也就是說，這種時候**根本不需要「靠」任何**

形式的保養品來補充水分或留住水分。

　　但即便是在會自動流汗保濕的夏天，要讓皮膚一直維持在60%以上的含水量來保濕明顯受損的肌膚，這就會有相當的困難。因為皮膚表面忽高忽低擺動的含水率，無法積極的提供傷口性肌膚的復癒環境。所以，這種情況，就有絕對的必要藉助保養品的抓水成分，加以強力的挽留水分。

去角質後，加強保濕有學問

　　不可否認的，為了擁有姣好的膚質，為了提升美白的效果，愛美人士常會刻意地安排定期或不定期的去角質。

　　當你對肌膚做了拋除行為，像是磨砂去角質、果酸去角質、酵素去角質，甚至醫學美容儀器協助去角質之後，皮膚需要的含水率就與未拋除前不同了。

　　假如**角質層全部被拋除掉**，那短時間內（**當然不是一天而已**）就是改由顆粒層裸露在環境中，這時候皮膚最好的保濕環境，就必須維持顆粒層居住的環境，也就是50～60%的含水量，皮膚才會覺得舒服，才能順利的再生、角化、代謝。

當然，拋除的表皮越多，若已經是深達基底層了，那就得有一段不算短的時間（**可能是十天半個月**），必須讓皮膚維持在70%以上的濕潤覆蓋環境，一直到皮膚正常健康的角質層生成為止。

所以，**深度去角質之後**的肌膚保養，**最重要的是安全、無刺激物干擾的保濕**（**色料、香料、防腐劑都算是一種刺激物**）。而不是在這個時候忙著擦上高機能的營養霜（**除非是純質不含防腐劑的安瓶**）。

非常表淺的磨砂、使用角質分解酵素、擦低濃度果酸去角質，這類的情形是可以藉著角質層刷薄的機會，加強使用其他非保濕類的功能性保養品（**像美白、抗老化等**）。

話說回來，**健康正常的角質，要是過度刻意地保濕**，尤其是根本不需要外來保濕協助的夏天，就像是強迫皮膚浸泡在悶濕的環境中，那就跟嬰兒的小屁屁包在濕答答的尿布裡一樣，皮膚**反而會悶出問題**。

於是乎，有人會因為過當保濕而起疹子、皮膚發癢、長小膿皰。這就是過度保濕適得其反，讓活的表皮組織，起了不必要的炎症反應。

天冷乾燥，加強保濕得務實

每年秋後到隔年春天，十月至三月之間，是台灣氣候溫度較為宜人的季節。溫度不高，自然汗水少、臉不油膩。溫度越低，汗與油的分泌都跟著少。

所謂的「加強保濕」，目的是補強環境變化，人體運作上無法自動補水、補油之不足。所以，當氣候不冷時，補水即可。若氣候偏冷，則得補油、補水。

這樣的概念很容易懂，但「補水」、「補油」，指的水就是蒸餾水？油就是凡士林嗎？還是有更好的選擇呢？

健康的角質層之所以能含有較多的水，是因為角質層中**有天然保濕因子，可以抓住水分。**所以，當水分是來自外來的補充，卻沒有附帶能抓住水分的元素，那麼再多的水也保不住，也因此，才會有玻尿酸這種高效抓水的明星。

凡士林可以密實的築起一道水分絕不滲漏的油牆。如果從單純的防止水分散失的角度去看，絕對是好油。（**醫藥品牌的強效保濕乳，都有志一同的選擇凡士林當保濕的要角呢！**）

而當「加強保濕」用的手段是「水＋玻尿酸＋凡士林」時，它的效果僅僅只是在治標，主要是保護皮膚水分不散失。基本上，屬於有用有效，沒用時就會恢復乾燥缺水的原狀。

如果是**健康且年輕的肌膚**，因為氣候乾燥的因素而需要加強保濕，那倒是**不必有太多保濕之外的非分之想**。加了一大堆健康肌膚還不需要的、用不上的高機能護膚成分，其實都是多餘的，也是一種自找麻煩的肌膚負擔。

如果是受傷肌膚，就必須針對受傷處加強保濕，那麼「水＋玻尿酸＋凡士林」，這樣簡單的組合對傷口肌膚來說，絕對會是比較安全，也比較鎖水的。

但如果是乾性肌膚、老化肌膚，就會讓人不得不去探討，**「水＋玻尿酸＋凡士林」的價值，充其量只是冬天禦寒的棉襖**，沒辦法讓穿棉襖的人因此而強壯不怕冷。

所以，這樣的保濕組合，**對「不夠健康」的肌膚，在保養價值上是不**

足的。（以肌膚美的角度來看，保水度不良、肌膚偏乾暗沈等，均視為不夠健康。）

高效保濕的真相

常有記者問我，「哪些成分最保濕？今年有哪些新的保濕成分？一瓶高效保濕保養品應含有哪些成分？消費者如何判斷產品的保濕能力夠不夠？」

乍聽之下，會覺得記者很「精準」，問的這些問題，都是消費者讀者最關心的。每有類似的提問時（哪些成分最有效……、哪些成分最新……、哪些組合最好……），腦子裡都會有個對應的畫面掠過～我周旋在百貨公司的女鞋樓層，正在選一雙最頂尖豪華版的高跟鞋。（找一雙鞋跟最高、材質最新、款式最流行，又同時有組合Chanel+LV+Prada的時尚品味。）

我想讀者一定可以確定這樣精挑細選出來的鞋，並不適合老師我來穿（我的調性中規中矩啊！）。那麼，是否也能理解「最保濕的成分＋最新的保濕成分＋最多樣高效的保濕組合」，其實不見得適合你使用呢？**肌膚**

要的不是「新」、「濃」、「多元豐富」，而是要符合你需求的「**最適組合**」。

　　不過，順著大家感到興趣的問題，也可以帶出許多需要釐清的觀念。以下帶大家來看兩個經典的討論話題。

話題一：哪些成分最保濕？

　　是玻尿酸嗎？也許現在是。不少新發現、新開發的高分子膠質，以生物技術提取改造的（**像是來自納豆萃取的 γ-PGA**），標榜從天然海藻得來的藻膠，來自植物有著與玻尿酸結構類似的各種高分子多醣體，甚且是透過生物技術改質的天然膠質、人造的高分子膠質等等，這些都是品牌中，常見用來標榜高效保濕的元素。

　　在化妝品配方中，可以使用的特色保濕成分越來越多，各家品牌無不絞盡腦汁尋找所謂的超高效保濕、超安全、超親膚性的「保濕皇后」。

　　是否「產品中含有超強吸水力的成分，就確定能高效保濕？」你一定會想，那當然跟添加的濃度有關！

沒錯。大家現在可聰明了，知道有加也不見得加很多，有加像沒加的，當然談不上效果。於是乎，另一種強調含更高濃度（**像是7％或10％的玻尿酸精華液**）的保濕產品，就能擄獲「高濃度」嗜好者的心。

「濃度高，真的就物超所值嗎？」我這樣問，相信很多人的心裡，開始猶豫不知如何回應了。

真正的答案是「如果你**沒這個需求，高濃度就是一種負擔**。如果你**不懂得如何使用**高濃度的保濕產品，那麼**高濃度，反而將成為保濕效果上的絆腳石**。」所以，選擇**高濃度的保濕品，首先，要真的有強效保濕的需求，再來要懂得怎麼用**。兩種情況都沒個準時，其實用合理濃度的保濕品就夠了。

平心而論，新保濕成分的嶄露頭角，是以創造市場新鮮感與話題性為目的，重點反而不是在一個新成分的真實保濕能耐有多大。

換言之，**保養品並不是找不到有效的保濕成分來配方**，也不是舊有的保濕成分效率不彰，必須取而代之，**而是為了要有新鮮感**，增加行銷話題罷了！

話題二：大分子玻尿酸的瓶頸？

　　玻尿酸超高含水率的能耐，來自於它的巨大分子量。目前最常拿來做保養品保濕的玻尿酸，分子量以一百～三百萬道耳吞為多數。近兩三年來，開始有幾個品牌引進小分子玻尿酸，強調「大小分子玻尿酸一起混用，可以直達真皮層補充流失的黏多醣，替代醫學美容的玻尿酸皮下注射，直接有豐頰、豐唇的效果。」

　　當然，這也是有點小小的誇大啦！**所謂小分子的玻尿酸，據了解分子量也有幾萬道耳吞**，離小到可以穿越角質層、通過表皮層、到達真皮層，實在是高難度動作、偏科幻的想像呢！

　　如果分子量三百萬的玻尿酸，可以吸收本身**1000**倍重量的水分。分子量一百萬的，大約可吸收**400**倍的水分。那麼分子量五萬的，可以吸收的可能只剩**20**倍的水分，那這「保濕皇后」的后冠，就得摘下來呢！所以，**高效保濕玻尿酸，指的是巨大分子量者**，強調小分子玻

尿酸者，就沒有資格再聲稱高效保濕！

若跟小分子的甘油（**分子量92**）來比，甘油吸水的能耐是本身重量的0.6倍。確實，跟分子量一百萬的玻尿酸吸水400倍相比，顯然大家都認為玻尿酸厲害多了。

但分子量一百萬的玻尿酸，分子的長度超過1000奈米，跟角質層的角質板塊與板塊間的間隙（**約只有50奈米**），比較起來，玻尿酸像條超長、超大的毯子，怎麼也塞不進角質間的小抽屜啊！

怎麼判斷保濕是否恰到好處？

肌膚的保濕度如何？當然不是成天帶著皮膚水分測試筆，隨時監控或做成紀錄。**自己的保濕有沒有做對，得要靠「自覺」來協助判斷。（在恆溫恆濕環境下測試的那一套伎倆，是數據量化研究用的，跟變動環境下的實際情況，落差太大。講白一點，透過水分測試筆讀出的數據，不具真實參考價值。）**

化妝品業者、美容顧問，常會指導顧客說到：皮膚乾癢、粗糙、緊

繃、出現細紋等,都是明顯肌膚保濕不足所引起的現象。指導的結果是:「建議加強保濕、推薦高效保濕的產品給顧客使用。」

　　當然,也常會發現,很多品牌所銷售的高效保濕產品,還是無法讓顧客滿意,顧客還是覺得不夠保濕。

　　為什麼你可以「覺得」不夠保濕?第一種情況是,擦了過不了多久臉還是緊繃,甚至緊繃到發癢。第二種情況是,看到鏡子裡頭的自己,竟然還是有小細紋!

就第一種情況來說,確實是沒做「對」保濕,才會持續緊繃、乾癢。這樣的情形要是發生在夏天,或是不覺得冷,且皮膚還有油脂的季節。那就多半是水性保濕加碼不夠的現象。

而同樣情形要是發生在冬天,或皮膚根本不分泌油脂的季節,就得注意是否是缺油膜保護,油性保濕不足所致。換句話說,**不是覺得緊繃乾燥,就猛補充玻尿酸、高效保濕精華,而是要先確認究竟是缺水還是缺油再行動。**

第二種情況,細紋爬滿臉。**如果皮膚不乾燥、不緊繃,油脂也擦得很足夠,甚至整張臉的感覺是「黏的」,那麼請不要再把「細紋」的出現,歸咎於保濕的不足。**這就已經不是靠保濕能改善的問題,而是應該「除皺」了。

除了用緊繃、乾燥、發癢、細紋來自覺「保濕不足」之外,有沒有辦法也用「自覺」來評估「最適自己」的保濕狀態呢?答案是:當然有。

不論你是油性、中性或乾性肌膚,在**正常情況下,最適的保濕是做完所有保濕保養,三十分鐘之後,臉不會「黏住」靠近臉頰的頭髮。**或者是走在馬路上,風將頭髮吹往臉頰,可以再輕輕地甩頭把頭髮拋回耳旁,而不會黏在臉上。

　　若頭髮老是黏在臉上，非得動用指尖的指甲才能將頭髮一絲絲的撥開來，這樣的保濕已經「太超過、太沈重」了。

　　這種過當的保濕，只適合剛去完角質、做了雷射、磨了皮的皮膚。這樣黏膩不堪的保濕感，就足夠維持60%甚至70%以上的水分。但請千萬要弄清楚，別以為臉適合天天這樣「泡」，這對健康的肌膚來說，絕對是不健康的。

　　最常見的例子是，很多保濕面膜敷完後皮膚整個黏膩感，持續幾個小時不改變黏的功力。這種產品，若是敷在健康年輕的肌膚，那麼原先只為了愛美而想加強保濕，卻會因為選擇敷這樣的面膜，隔天反而長了小痘痘、起了紅疹子啊！其情況就是類似嬰兒使用尿布包屁屁，悶出問題的皮膚濕疹。

保濕成分組合玄機公開

　　從上面的敘述與講解，希望讀者能理解，氣候不冷不乾的時候，肌膚的保濕需求是低的，不需一味地追求保濕。可以趁此機會讓皮膚放保濕

假，做點別的保養規劃，這樣的計畫，等我先把保濕說清楚講明白再來談。（**像是後面單元會提到的膚質更新、美白、抗氧化等，都是不錯的保養規劃。**）

　　而到了**氣候有乾燥現象時，首先要補強水性保濕產品**，典型的例子是保濕化妝水、保濕精華、保濕凍膠。

　　氣候再偏涼時，就得有補油的準備了。典型的產品是乳液、乳霜、全油類精華或時空膠囊。

　　當**氣候又乾又涼時，則既要補水，又要補油**。典型的產品是乳液、乳霜。

　　而這是否也意味著，夏天只要擦些保濕化妝水或保濕精華，冬天只要擦乳液或乳霜就對了呢？化妝品業者絕對不會贊同你這麼做，這樣可是少賣好幾瓶呢！

　　我也不認為這麼簡單的選項法是對的。因為一樣都叫做化妝水的商品，各品牌組合出的保濕菜單，其護膚性或保濕價值，實際上卻有非常大的不同。

　　不同品牌的乳霜也有類似的情況。一樣是做成乳霜質地，偏偏就是

有些乳霜，刻意降低油脂含量，甚至根本是無油乳霜。有些乳霜質地像漿糊，是用很多的高分子膠調出來的。有些則中規中矩的表現乳霜的原貌與優點。

不過是保養嘛！想讓腦筋輕鬆些，只要依照商品名稱的「指示」來購買（**例如水嫩保濕精華、乾性肌專用保濕霜、多元活膚保濕乳等等名稱**），應該就可以買到適合自己的保養品吧！？我可以告訴你，在台灣的保養品市場，那已經是不可能達成的事了。

若是認為「只要不計較多花點錢，應該可以買到品質不差的保養品」。這種邏輯也許與事實相距不會太遠（**所謂羊毛出在羊身上**），但即便是花較多的錢，買所謂的好品質的保養品，也不等於就是適合你的保養需求的保養品。

那該怎麼辦才好？先撇開濃度到底加多少，光是保濕成分組合，就大有學問了。如果你能更了解這些組合的意義，就能更精準地找到自己需要的保濕產品。

舉個例子來說，Q牌化妝水，保濕組合是「甘油＋山梨糖醇＋胺基酸＋PCA-Na」，質地輕盈如水。M牌的化妝水保濕組合是「甘油＋玻尿酸＋γ-PGA＋海藻膠」，質地滑順帶稠度。要選哪一瓶才聰明？又哪一瓶比較保濕呢？

如果你的目的就是保濕，在不缺油的季節，而且只想擦一瓶就好，後續不再擦其他訴求的保養品（**像是美白、抗氧化等**），那麼M牌會比較符合保濕的價值。

但是，**如果你還要加碼其他的保養功能，那麼玻尿酸／ γ -PGA／海藻膠這些大分子，可是會阻礙後續較小分子活性成分的吸收的。**（簡單辨別原則是：越黏稠的化妝水，大分子含量越多。）

Q牌的化妝水，保濕的時效比M牌短很多，因為沒有大分子保濕劑來加持。但對角質細胞提供了胺基酸的養分，對角質層提供了天然保濕因子（**PCA-Na**）的強化。對於後面要擦的保養品來說，還具有助滲透吸收的價值。在頻流汗，角質層幾乎不缺水的夏天，Q牌化妝水反而因為清爽不黏膩而更適合。

所以，光從Q與M兩支化妝水來比保濕，不考慮個人與氣候需求時，就無法知道哪一支才是真正適合自己的化妝水啊！

乳液或乳霜，統包水性保濕與油性保濕成分於一瓶。只用一瓶就完成保濕是否合宜呢？這得要考慮到乳霜的保濕效能，但也常因為保濕配伍成分的差異，而呈現出保養效果的差異。

有些乳霜確實可以一瓶搞定，有些則是得先補充水性保濕，隨後再擦

上乳霜的效果較佳。

周全的保濕菜單

談保濕成分之前，我想再次強調「保濕類保養品」的賣點與價值，不在含有多少珍奇高效的保濕劑，而在於能「完整」地提供給肌膚「保濕保養」上的需求。

「保濕保養品」的定義很廣，不單單只是添加甘油或玻尿酸等可以抓住水分的保養品。**只要補對了使用者的保濕缺口，就算是單一瓶植物油，也可以算是很有效、很好用的保濕保養品。**

在化妝品原料裡，確實是把甘油與玻尿酸之類，可以抓住水分的成分稱為保濕劑，而不會把胺基酸、油脂等成分稱為保濕劑。

但那只是要遷就原料的分類啊，更明白的解釋其不同，可以從名詞與動詞的差異來區隔。**「保濕劑」是名詞，而「保濕保養品」中的保濕，卻可以看成是動詞。**

大家都誤把「保濕保養品」，直接會錯意成「含保濕劑的保養品」。事實上，**「保濕保養」，應該是提供油性保濕、提供水性保濕與提供肌膚細胞營養，使肌膚具有健康保濕能力的整合性保養通稱。**

一份周全的保濕保養菜單，應該是以下表格(請見46頁)呈現的樣貌。為方便大家了解，這個表格中，列舉了保濕保養品中經典與普及度高的成分為代表。

周全的保濕保養，不是狹隘的指「一瓶」保濕霜裡，包含了整個表格裡的所有成分。而**是指完成所有保濕保養程序時，品項之間必須能相扣互補表格中的保濕組合。**

如果把這個表格拆成六塊保濕拼圖，水性保濕三塊（**小分子多元醇／角質層天然保濕因子／大分子多醣類**）、油性保濕三塊（**細胞間脂質／皮脂腺脂質／不飽和脂肪酸**），那就會更清楚明瞭。

如果你擦了保濕化妝水、精華液及乳霜，提供的保濕元素，都是同一塊拼圖中的元素，或局限於某兩三塊拼圖中，那麼，感覺上已經擦了三瓶了，但實際上，並沒有做好周全的保濕。

如果是在夏天，皮脂分泌旺盛，那麼取拼圖前三塊的水性保濕，就已經足夠。

而如果是在冬天，那麼沒有後三塊油性保濕，就很難達到理想的保濕效果。

如果是年輕健康的肌膚，其角質細胞的再生能力旺盛，對水性保濕中的「角質層天然保濕因子」與油性保濕中的「細胞間脂質」依賴程度就比較低。反之，熟齡者、皮膚乾荒者，對於這兩塊拼圖的需求性也就偏高。

因此，**周全的保濕，是要引導大家具有「保濕拼圖」的概念及「互補相扣」的概念**，不是一味地補強其中某一塊拼圖中的成分。

水性保濕

名稱	保濕原理	成分舉例
小分子多元醇	氫鍵結，黏住水分子（bind）	甘油、丙二醇、丁二醇、蜂蜜、海藻糖、單糖、雙糖、PEG 400、赤蘚糖、山梨醣
角質層天然保濕因子	補充角質層之天然保濕因子	17種胺基酸、PCA、乳酸鈉、鉀離子、尿素（Urea）、鈣離子、鎂離子、……
大分子多醣類	物理鍵結與網住水分子（block）	玻尿酸、幾丁聚醣（甲殼素）、多醣類／生物聚醣（polysaccharides）、聚麩胺酸（γ-PGA）

油性保濕

名稱	保濕原理	成分舉例
細胞間脂質	強化角質層油脂屏障	神經醯胺（Ceramide）、磷脂質、膽固醇、不飽和脂肪酸
皮脂腺脂質	補充皮膚天然皮脂	角鯊烯（Squalene）、三酸甘油酯
不飽和脂肪酸	修復與強健角質細胞	各種富含油酸、亞油酸、次亞油酸的植物油。各種富含維他命群、抗氧化物、抗敏成分之天然油脂

保濕組合

使用順序，決定保濕價值

一般使用保養品的順序，多數人是化妝水最先，精華液其次，乳霜類擺在最後。這種順序有沒有問題？簡單想，沒問題。仔細想，不一定。

有差別嗎？當然有。大多數人認為「化妝水→精華液→乳液或面霜」的順序最合理。為什麼合理？因為從以前到現在，大家都這樣擦。因為化妝品業、美容師教導大家「質地輕的、水性的先擦。質感重的、偏油的後擦。」

如果改成「乳液或面霜→精華液→化妝水」，會有很多人質疑與不能接受。為什麼不能認同？因為沒見過有人這樣擦的呀。

管他什麼順序，最後不是都擦在臉上，有那麼大的差別嗎？

當有品牌跳出來推動「先乳後水」的保養順序時，頓時間引起諸多的驚訝與懷疑。而當「先乳後水」的保養順序，讓很多使用者滿意這樣的保養成效時，大家才真正對「順序」這件事感到興趣。當然，更衝擊到幾十年來一直教導顧客「先水後乳」的保養品從業人員。

其實，**保養品使用的順序關鍵，不在先乳或先水，而在小分子先擦，**

大分子後擦。在保濕組成的這六塊拼圖裡，請記住：只有「水性的大分子多醣類」這一塊是大分子，其他五塊拼圖都算是小分子。

所以，即使是單純的保濕產品，都有先擦油性保濕，後擦水性保濕的條件啊。

從成分舉例。譬如，先擦植物油，再擦玻尿酸。

從商品舉例。譬如，先擦純油性的保濕時空膠囊，後擦高效保濕玻尿酸精華。這樣擦，不論是保濕效果、膚質改善效果，都比較好。

坊間錯誤的傳遞「油的分子很大、水性分子很小；植物油的分子比較小、化學油脂的分子比較大。」這種毫無根據而且是徹底錯誤的說法，必須打包送進垃圾焚化爐毀滅掉才好。

要既能保濕又能達到滿意的膚質改善效果，靠保濕的六塊拼圖，對多數人其實已經足夠了。成效的關鍵在「順序」。順序，不是以產品名稱來判斷排序，而是以分子大小來排序。

所以，一瓶保濕精華液，若使用拼圖中的前三塊水性保濕成分，稱為A精華液。另一瓶B保濕霜，使用的是拼圖中的後三塊油性保濕成分。那麼使用順序上，「B先A後」，保養價值會比較高。「先A後B」的話，油性

保濕成分，會被優先卡位的大分子水性保濕成分給擋住，滲不進皮膚裡。
而被阻擋的程度如何，得視A精華液裡的大分子保濕劑添加的比例而定。
加得越多，阻擋效應越大。

哪一瓶先用，判斷有撇步

也許你會問：小分子或大分子，有沒有辦法「感覺」得出來？答案是
非常大的分子，添加一定的比例量，才有辦法察覺得到。（**但那不是用眼
睛可以直接判讀的差異！還要加上觸覺。**）

究竟是小分子或是大分子？從表面是看不出來的，所以對一般大眾來
說會有「太難了吧！」的無力感。（**就像一杯看來清透的水，在沒有科學
儀器或檢驗方式輔助下，無法看得出或聞得出是否有含微量礦物元素、膠
原蛋白、玻尿酸或甘油。**）

但為了**要讓保養達到最好的效果，將巨大分子排在最後使用是有必
要的**。所以判斷上有兩個重點可以把握。第一，可以閱讀成分欄，看看有
無添加大分子的成分，先作初步的了解。第二，從保養品的外觀質地來判

斷，以手的觸感協助分辨。

　　化妝水，不論是透明或半透明，幾乎沒有可感知的稠度類型者，可視為是以小分子為主、大分子比例極低的保養液。所以，如果保養品項裡，有這樣質地的化妝水，它的使用順位，可以排在最前面。

　　精華液，一般會帶點稠度，甚至是極為濃稠。這濃稠的質地創造物，就是大分子的物質。這種濃稠大分子的供應，可以是大分子的保濕劑，也可以是大分子的膠質。

判斷上，平時擦完精華液，接著塗上粉底液／粉底乳／粉底霜時，會有明顯掉屑屑的情況者，即表示這精華液屬於高分子膠質加比較多的（**當然玻尿酸也是囉**）。使用順序上，應讓這瓶精華液的保養順序往後退讓到乳霜之後才對。換言之，它不適合接在化妝水之後使用。

乳霜類製品，或許比較油，但**油分子不等於是大分子**。也許你馬上想問：「那乳霜算不算是小分子？」請正視「乳霜」已經是「成品」、是混合物，不是單一的成分。所以是大分子或小分子，還是要看這瓶乳霜的組合成分才能判斷。

論斷產品的分子大小，與論斷單一成分的分子大小，原本就是兩回事。乳霜，除了可以含油性成分之外，也可以加入高分子膠質來穩定乳霜使不分層變質，而高分子膠質就是一種巨大的分子。

一些強調無油配方的乳霜，常使用高分子膠質來製造。擦在皮膚上，塗量一多，也是會搓出很多的屑屑。這種無油乳霜，是含有大分子膠質者，就注定要擺在最後保養步驟再擦了。

晚霜，所有的人都認為晚霜應該是最後擦的了吧！當然不絕對是。晚霜之後，最適合用的是保濕凍膠（**果凍狀質地**）。理由很簡單，晚霜不等於匯集大分子的保養品。所以，晚霜可以在眼霜或眼膠之前，也可以在凍膠之前。

讓手邊的保濕品，效果最大化

喜歡「研究」商品全成分欄的讀者，一定可以發現到大多數品牌的保濕商品，是以「錯亂混搭」的方式，將保濕的六塊拼圖組合在每一款保濕商品中。

舉個例子，保濕精華裡的成分，囊括了拼圖中的六塊，雖不是齊全的，但都有。保濕化妝水，雖然只用了水性保濕劑，但卻拚命的強調含高濃度的高效保濕玻尿酸。保濕凍膠，質地比果凍還要Q（**表示高分子膠比例很高**），卻加入很多小分子的水性保濕劑。保濕霜，油性保濕劑不多，反而水性保濕劑種類不少……

從配方的角度來看，只要能安定不變質，就是成功的配方。從商機的角度來看，只要是顧客喜歡的、想要的，全加進去就對了。

隨性的人這麼想：「反正，保養品怎麼擦都不至於出大問題。成分怎麼搭配？順序怎麼擦？喜歡就好。」

精明的人這麼想：「品牌怎麼可以這麼不負責任，不為消費者著想，把成分做最好的順序安排，讓我花冤枉錢又得不到好效果。」

不論你心裡怎麼想，產品成分搭配錯置、訴求不清、過於投顧客所

好、不夠理想化等等,這些都是事實。你可以選擇從今以後做個聰明自主的消費者(**花點時間做功課,選最合理最適合自己的保濕品**),也可以在現有的商品中,做最佳的用法調整,讓產品的效能更好。

譬如,有品牌把保濕凍膠當強打,挹注相當高濃度的水性保濕成分在凍膠中,又建議在化妝水後或者精華液後使用。如果你要繼續這樣的保養方式,那麼記得凍膠塗擦量「越薄越少越好」,因為擦多了,沒能與皮膚直接接觸到的,都利用不到。擦厚厚一層,只會讓皮膚受悶,只會更加的阻擋在凍膠之後擦的保養品的滲透機會。

或許你會想,不如把它擺在最後一道程序使用,放在乳霜之後。這樣的想法是可行的,但對這支凍膠來說,是很浪費的。因為最後才擦的保濕品,只是要利用大分子的保濕劑來抓住水分。在這瓶凍膠中的小分子營養物質,放在最後擦,其實已經犧牲掉優先滲入皮膚的先機了。想放在化妝水之後使用的,則記得擦薄薄少少的就夠了。

因此,**拿凍膠當加強保濕用品項,用在最後程序時,記得選擇活性成分簡單的**,只要有明確保濕訴求的就好。

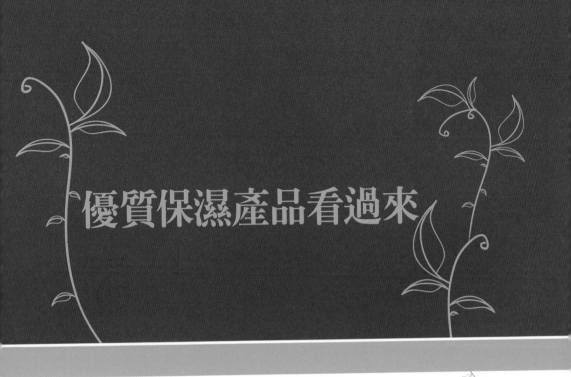

優質保濕產品看過來

優質不在比高下，看誰的料多、看誰的價格最實惠，而是在呈現商品的最適價值。此外，商品的香氛、觸感、包裝與使用便利性等，都能直接或間接加減分。這個單元，當然得從輕看待這些過於感性面上的優質，而是**理性直擊產品的配方來審判**。

　　化妝品公司在商品推出時，已賦予它效果上的定位。同時也對使用對象、使用方法、使用目的做了設定。

　　從商業面來看，品牌畫出的「適用族群與訴求的功能性」輪廓必須寬

廣些，才有利銷售。但對消費者來說，條件過於寬鬆的產品（**適用年齡過廣、膚質限制過寬、膚況難與產品聚焦等**），在選擇上會是一大困擾。

舉個例子來說，「玻尿酸高效保濕精華液」的適用族群是哪些？保養品廠商的說法會是：所有必須加強保濕的人，或是肌膚嚴重乾燥、缺水的人。

這對消費者來說，就會出現一些盲點，像是什麼年齡都適合嗎？廠商的答案，是yes。夏天、冬天都適合嗎？廠商回答，還是yes。油性肌膚、痘性肌膚都可以嗎？廠商回覆，仍舊是yes。敏感肌膚或發炎過敏時可以用嗎？廠商仍然信心滿滿的回答，yes yes yes！難不成，這支產品大人小孩、男的女的、油的乾的、敏感的長痘痘的，通通可以用？

因此，這個單元，也會與品牌銷售時的族群訴求、功能訴求做切割。**用站在使用者的角度來建議使用族群。**

另外要說明的是：「**優質的定義，從不同的角度解析，本來就會不同。**」本書將大募集活動的保濕品項設定為化妝水、乳液（霜）與凍膠質地三類。所以，以其他劑型呈現的保濕商品，就沒有機會在這裡曝光。（**雖然還是有品牌寄來不符規定的保濕品項，但我還是割捨了。**）

這會不會有點劃地自限，少了全面蒐羅優質保濕品的機會呢？其實，

讀者不用多慮。**周全的保濕，兩瓶就應該搞定了**。如果有第三瓶，那是要再訴求保濕之外的其他目的。單純只是保濕要擦上三瓶、四瓶甚至五瓶才完成，只突顯品牌配方上的缺陷，只增加肌膚不必要的基質承擔。

我的**選擇基準是「基質不能複雜，配方架構必須合理」**。在安全合理的大傘下，清淡如陽春麵般的配方，濃郁如牛肉麵的配方，自然都會有符合需求的族群適用。

品牌不斷更替新品，新品牌不斷竄出。我希望，透過實際商品的引導說明，可以讓讀者漸漸成熟於商品的選擇。讓已經是**很不錯的商品，再聚焦地引導給最適的膚質／年齡／需求者，同時是以正確的方式配合使用**。這樣，優質的保養品價值，才能真正一百分地彰顯出來。

優質保養品 ↘
「保濕類」

01

品木宣言ORIGINS／
Dr.WEIL青春無敵調理機能水

有機、天然、無香精、無基質負擔，為夏季輕保濕保養的另一種選項。本品選擇具活膚抗氧化的功能性植物萃取，提供保濕、抗氧化、活膚等需求。

適用年齡：15→35
適用膚質：中性肌／油性肌
適用對象：生活緊張者、工作壓力大者，春夏舒緩保濕

使用方法：
潔膚後取適量，全臉使用。以指腹輕輕按摩至全乾，協助放鬆紓壓。

小叮嚀：
1.夏季讓肌膚放保濕假，選擇保濕少一點、健康多一點的保濕化妝水，提供建設健康肌膚的元素。
2.肌膚累了的時候，可在清潔後配合濕敷。利用精油的香氛醒腦，多重的抗氧化護膚萃取，補充活膚的能量。

成分：
主力成分：保濕舒緩（甘油／玻尿酸／蔗糖／海藻糖），磷脂質／蘆薈
協同成分：菇類萃取／靈芝萃取／冬蟲夏草萃取／鬱金香萃取／薑萃取／羅勒萃取，有機精油（天竺葵／甜橙／橘／廣藿香／薰衣草／乳香）

達人分析：
外觀為無色透明液（無酒精／無人工香料／含可溶化劑／含防腐劑）。使用起來清爽滑順、具保濕感，塗後肌膚不留油脂、無黏膩感。帶著複方精油香調。

商品附加特色：

1.含抗氧化成分、含強化免疫之植物萃取，另搭配強調有機來源的精油，提供情緒上的舒緩放鬆。

2.以健康天然配方風格，滿足樂活族輕鬆保養的選擇。

02

嬌蘭GUERLAIN／
超時空水合彈力保濕化妝水

偏愛香氛化妝水者，最擔心含高比例的酒精，讓香料分子滲入肌膚，引起過敏。這款化妝水使用高分子膠質與較新、較安全的可溶化劑，可降低香料分子滲入肌膚的量。是喜愛香氛化妝水者，較安全的選擇款。

適用年齡：18 → 35
適用膚質：一般肌膚／對香料不過敏肌膚
適用對象：基本保濕需求者

使用方法：
潔膚後取適量，全臉使用。壓適量在手心或化妝棉上，均勻拍打或塗擦於全臉。

小叮嚀：
1.香氛感十足的化妝水，可以放鬆享受香氛的心情使用。
2.可在完成保養程序後，肌膚感覺乾燥缺水時（像是在冷氣房、機艙內），取適量拍打在臉部補水。

成分：
主力成分：甘油／丁二醇／蔗糖／玻尿酸

協同成分：水解羽扇豆蛋白／肌膚舒緩因子Acetyl dipeptide-1 cetyl ester／栗樹子萃取／雪松樹皮萃取

達人分析：
帶有極輕微稠度的透明化妝水（高分子膠／可溶化劑／香料／防腐劑／色料與光安定劑）。質地上顯示低起泡性，帶滑感，塗抹性佳，極其香氛。塗後無黏膩的保濕感。無酒精。

商品附加特色：
1.保濕成分的搭配，以小分子與大分子互搭，輔以護膚的植物萃取與水解蛋白。所以在使用時機上，可利用這樣的特點，作為日間化妝包裡補給的保濕露使用。
2.配合舒壓目的，除了添加肌膚舒緩因子Acetyl dipeptide-1 cetyl ester之外，在香氛的營造上有著非常「嬌蘭」（很香）的親切感。

03

蘭蔻Lancôme／
第四代新水顏舒緩保濕凝露

有如香水是嗅覺的舒緩劑般，這款凝露如同肌膚感覺神經的舒緩劑，不在保濕成分、活膚成分上加碼，而是回歸肌膚恬靜。對沒有明顯缺乏營養補充的肌膚來說，是另一種肌膚解壓的選擇。

適用年齡：18 → 35
適用膚質：中性肌／油性肌
適用對象：生活緊張者、工作壓力大者

使用方法：
潔膚後取適量，全臉使用。以指腹輕輕按摩至全乾，協助放鬆紓壓。

小叮嚀：
1.此商品的價值不在保濕、抗老、抗氧化等功能性，而是以肌膚放鬆享受SPA的心情使用。
2.可於使用後，補強其他美白、抗氧化等功能的精華液使用。

成分：
主力成分：玫瑰萃取／肌膚舒緩因子Acetyl dipeptide-1 cetyl ester／鳶尾花萃取
協同成分：甘油／蜂蜜／丙二醇

達人分析：
外觀為透明凍膠（高分子膠／可溶化劑／防腐劑）。由於質地是薄透凍膠、水感十足。使用起來塗抹性佳，淡雅香氛。塗後無任何黏感與殘留感。

商品附加特色：
以釋放壓力、舒緩神經的概念，取Acetyl dipeptide-1 cetyl ester成分，配合香氛花材萃取，解除肌膚之不適。

04

杜克 C-Skin／
高效保濕B5凝膠（Moisture B5 Gel）

簡單安全。懂得依據肌膚狀況與需求來搭配使用前後順序，才能看到商品的正面價值。

適用年齡：18 → 45
適用膚質：所有膚質
適用對象：缺水保濕的肌膚

使用方法：
創面肌膚加強保濕第一瓶、秋冬保養加強保濕最後一瓶。
創面肌膚，特別是雷射／脈衝光／果酸換膚後，皮膚表皮層裸露的時候，直接在洗淨的臉上塗上厚實的一層，再接著塗上含油脂的原液或乳霜鎖住水分。一般保養，可作為加強保濕用，日間在隔離霜／防曬霜之前，夜間在乳霜／晚霜／眼霜之後，滴幾滴於臉上，充分以指腹按摩使滲入乳霜中。

小叮嚀：
1.偏乾肌膚者，單純加強保濕用時，可在乳霜前使用。
2.有其他抗老化、美白保養需求時，則將此瓶擺在最後使用。

成分：
主力成分：玻尿酸／維生素原B5
協同成分：水、防腐劑（單一種：Phenoxyethanol）

達人分析：
基質為單純玻尿酸水溶液的稠度。由於質地是滑順水膠，塗後肌膚不留油脂、黏膩感。

商品附加特色：
單純玻尿酸，利用具滲透力的保濕劑維生素原B5，使玻尿酸易於卡位在角質層縫隙，達到幫助角質層抓住水分的效用。

05

水平衡／
保水網水乳液
年輕健康肌膚單純的保濕。基質再單純不過了。

適用年齡：15 → 25
適用膚質：中性肌／油性肌／年輕健康肌
適用對象：降低肌膚乾燥感

使用方法：
潔膚後取適量，全臉使用，或使用於保養的最後一道程序。若是單純年輕族群，夏季保濕，取適量塗抹於全臉即可，也可以在美白、活膚、抗氧化等化妝水或精華液後使用。秋冬時，油脂滋潤感則嫌不足，適合春夏使用。

小叮嚀：
1.屬於低油脂、低負擔的保濕乳液，非高機能保養乳液，對油性痘性肌也能順利使用。
2.對於粗糙、暗沈或角質破損的肌膚，雖屬年輕族群，也較無積極改善性。這一類膚況者，可在使用本乳液前，先以較高機能的化妝水、精華液打底。

成分：
主力成分：玻尿酸／絲胺酸／膠原蛋白／神經醯胺／甘油／丙二醇

協同成分：防水矽靈Dimethicone ／魚鯊烷

達人分析：
外觀為白色乳液（冷操作乳化劑Polycarylate-13／Polyisobutene／Polysorbate 20
／防腐劑／香料）。質地極清爽流動性佳，使用起來滑順、易塗抹，塗時水感豐
富，塗後肌膚舒適、無任何油光。香味宜人。

商品附加特色：
1.如同DIY族的簡易操作製造。使用冷操作的複方乳化劑，加入玻尿酸、膠原蛋白
使抓住更多水分，並利用矽靈、魚鯊烷鎖住水分。
2.對年輕健康肌膚來說，可提供不黏膩的水性保濕，一種不著痕跡的油膜保濕。
3.不以繁複的營養成分造成肌膚負擔，選擇極輕營養添加，符合年輕肌膚的需求。

06

DR.WU／
海洋膠原保濕乳
簡單安全。提供單純保濕需求者安心的低油乳液選擇。

適用年齡：30以下
適用膚質：所有膚質／兒童／敏感肌膚
適用對象：缺水保濕的肌膚，不缺油保濕的肌膚，夏日保濕

使用方法：
作為保養的最後一瓶，或單一瓶保濕保養。取適量直接塗抹
於臉或身體。

小叮嚀：
1.不論在夏天或冬天，都宜在最後保養程序使用。
2.對於需要補充油脂的肌膚，氣候偏乾時，則是以較滋潤、富油脂的保養品先擦，本乳液隨後擦上，並稍加按摩，使成分能更滲入角質層，提高保濕效果。

成分：
主力成分：膠原蛋白／玻尿酸／丁二醇
協同成分：維他命E／魚鯊烷／尿囊素

達人分析：
幾乎是無油脂感的乳液（單一乳化劑／高分子膠／含防腐劑）。使用起來清爽滑順，塗後肌膚不留油脂、黏膩感。

商品附加特色：
1.以極低油脂比例，創造清爽乳液效果。運用大分子保濕劑與高分子膠質協同保濕。
2.不含香料、基質超簡單安全，適合各種肌膚與小孩使用。

07

碧芙蕾詩BioFlash／
活力泉源保濕霜
從效益面來看，立即保濕效果最出色。美白與
活膚效果，則會受大分子阻擋而效果趨緩。

適用年齡：25 → 38
適用膚質：中性肌／油性肌／敏弱肌
適用對象：缺水肌膚的保濕，暗沈肌膚的保濕

使用方法：
潔膚後或化妝水後取適量，全臉使用。以指腹輕輕按摩數分鐘，幫助凝膠滲透到皮膚。

小叮嚀：
1.價值成分以水性小分子居多，用量上盡量少，並配合充分的按摩，使有機會與肌膚貼合在一起。（用以減少高分子膠的滲透阻礙）
2.有乳霜或精華液等不含高分子膠的保養品，則在此保濕霜前使用。

成分：
主力成分：嗜鹽菌提取物／浮游生物萃取／八種胺基酸／海藻萃取
　　　　　強化保濕（膠原蛋白／γ-PGA／小分子多元醇）
協同成分：植物美白複方（桑白皮／虎耳草／葡萄籽／黃芩／白蓮花萃取），維他命B3
達人分析：
外觀為白濁凍膠（合成酯／矽靈高分子膠／揮發性矽靈／水性高分子膠／無香料／含防腐劑）。使用起來滑順、易延展，塗後肌膚具亮澤保濕膜，水潤保濕。

商品附加特色：
1.同時提供肌膚小分子胺基酸保濕、小分子多元醇保濕、大分子與高分子膠保濕，輔以保護細胞（嗜鹽菌提取之Ectoin）、修復DNA（浮游生物萃取）為產品特色。
2.另加入美白訴求，使商品的行銷價值更豐富。

08

芳珂Fancl／
活膚DX滋潤乳霜

無防腐劑，無香精配方。主要提供較完整的油性保濕，輔以大
分子的水性保濕。40歲以下使用，可有相當的肌膚保濕力改善
的滿意度。

適用年齡：30 → 40
適用膚質：乾性（四季）／中性（秋冬季）
適用對象：保濕不易、經常乾燥緊繃、雷射果酸換膚後脫皮過
渡期

使用方法：
化妝水後或水性精華液後使用。以指腹輕輕按摩，使全臉均勻潤澤。

小叮嚀：
1.乾性粗荒肌膚者，化妝水與精華液品項可搭配胺基酸、維生素群等成分，以強化
角質細胞所需的營養。
2.中性肌膚者，則可在化妝水與精華液的搭配保養品中，強化水性與油性的抗氧化
成分。

成分：
主力成分：氫化磷脂質／甜豌豆花萃取／肌酸／膠原蛋白／玻尿酸
協同成分：植物油（荷荷葩油／夏威夷核果油）、維他命E

達人分析：
基質為乳霜（高分子膠／多種乳化劑／高級脂肪醇／矽靈）。防腐相（雙丙二醇／
甘油／丁二醇／戊二醇）。乳霜質地豐腴，塗後潤澤帶油光。具良好鎖水性與保濕
感。無香精。無防腐劑。

商品附加特色：

1.提供較熟齡、缺水、乾燥肌膚，偏冷乾燥氣候時的保濕需求。

2.雖為無防腐劑、無香精配方，但乳霜基質較為複雜，密閉鎖水性佳，敏感性與痘性肌較不宜。

3.提供的成分多屬於高營養有機物，有氧化、敗壞的風險，開封後應持續用完，才能享受品牌無防腐劑配方的美意。

09

聖泉薇Saint-Gervais／清新白茅保濕乳液

非常的香（獨特個性香味），留香性佳。
以礦泉富含礦物離子與微量元素，搭配富含鉀離子的白茅根萃取，作為商品的特色。

適用年齡：15 → 35
適用膚質：乾性（四季）／中性（秋冬季）
適用對象：喜歡帶油脂感保濕者，喜歡濃香型乳液者，
只要簡單保濕，不求繁複保養功效者。

使用方法：
化妝水後或洗後帶濕潤水分的肌膚使用。以指腹輕輕按摩使均勻，臉、身體皆可。

小叮嚀：
偏乾肌膚者，先以帶稠度的大分子保濕化妝水打底後使用。

成分：
主力成分：71%等滲透壓礦泉／白茅根萃取
協同成分：神經鞘脂質／尿素／甘油

達人分析：
外觀為乳液（高分子膠／植物性乳化劑／高級脂肪醇／矽靈／合成酯）。質地滑順易延展，塗後潤澤帶油光。具良好保濕感。

商品附加特色：
1.提供較年輕且偏乾肌膚，基本款的保濕乳。適合單純只要保濕者選擇。
2.基質選擇符合不致痘、不刺激原則，唯香料比例偏高，肌膚乾燥抓破皮時，暫不宜使用。

10

護蕾 Ducray／
HD強效肌膚保濕霜
類似塗凡士林讓乾燥肌膚休養生息的配方概念，但輔以更積極的保濕、抗菌、細胞間脂質強化的成分，成就一支問題肌膚可信賴的滋潤保濕霜。

適用年齡：15 → 50
適用膚質：超乾性肌／敏感肌／病理性乾燥肌
適用對象：問題肌膚的加強鎖水保濕

使用方法：
潔膚後直接使用。取適量保濕霜，直接塗勻在乾燥肌膚上。

小叮嚀：

1.嚴重到明顯缺水與敏感的肌膚，潔膚後在肌膚未乾燥時立即塗抹上，效果會比先擦上保濕化妝水後再擦好。

2.一般性需加強保濕的肌膚，則在化妝水後塗上薄薄一層就好。

成分：

主力成分：甘油／凡士林／乳木果油／羊脂酸

協同成分：礦物油／丙二醇／聚乙烯醇PEG-12／制菌劑o-Cymen-5-ol

達人分析：

外觀為白色乳霜（乳化劑／硬脂酸／揮發性矽靈／礦物油／防腐劑）。使用起來具極高油脂感，易塗抹分散。塗後可維持油脂潤澤的保濕感。無香精。帶點原料味。

商品附加特色：

1.一款強調針對問題肌膚（病理性、用藥性、敏感肌）設計的保濕霜。配方的大原則就是高純度的鎖水（凡士林）、吸水（甘油）成分，加上具抗菌抗黴效果的羊脂酸（取自蜂膠）、o-Cymen-5-ol。

2.對像是魚鱗癬／異位性皮膚炎的病態肌膚，使用A酸／水楊酸／過氧化苯醯等青春痘藥膏而乾燥脫皮的肌膚，果酸換膚／磨皮後的傷口乾燥肌膚等，可以達到純保護，快速改善肌膚缺水的困擾。

11

艾芙美 A-derma／
燕麥異膚佳乳液

品牌選擇燕麥萃取中的酚類抗氧化成分（Avenanthramides）作為抑制發炎的抗敏成分。此成分在科學文獻上受到極大的支持，以阻斷組織胺釋放的方式，達抗發炎的作用。

適用年齡：15 以上
適用膚質：乾性肌／敏感肌／冬季癢／缺脂性皮膚炎
適用對象：問題肌膚的加強鎖水保濕

使用方法：
潔膚後直接使用，或化妝水後使用。取適量保濕霜，直接塗勻在肌膚上。

小叮嚀：
1.嚴重到明顯缺水的肌膚，潔膚後趁肌膚未乾燥時立即塗抹，效果會比先擦上保濕化妝水後再擦好。
2.一般性需加強保濕的肌膚，則在化妝水後塗上薄薄一層就好。
3.冬季癢、皮膚發炎者，則只要擦乳液，待傷口結痂之後，即可以回復以化妝水打底後，塗上薄薄一層的方式來保養。

成分：
主力成分：燕麥萃取／凡士林／乳木果油／月見草油／維生素B3
協同成分：礦物油／丁二醇／甘油

達人分析：
外觀為白色乳液（乳化劑／二十二醇／抗水性矽靈／Dimethicone／高分子膠／防腐劑）。使用起來具極高油脂感，易塗抹分散。塗後可維持油脂潤澤的保濕感。無香精。

商品附加特色：
1.一款強調針對問題肌膚（病理性、敏感肌）設計的保濕霜。配方以簡單安全的凡士林來鎖水、甘油與丁二醇來吸水，選擇乳木果油與月見草油來修復角質細胞。使用品牌明星成分燕麥萃取，強調燕麥酚的抗發炎效用。
2.對問題肌膚來說，選擇這類保濕乳的目標在改善皮膚問題，恢復肌膚的正常機能。一般健康正常肌膚，則不容易具體地感受到它的護膚價值。

12

伊碧Estebel／
小麥磷脂質晚霜

清爽的塗後觸感，適合台灣的氣候。保濕，不用太複雜。這罐晚霜，可滿足純保濕保養漸進改善膚質的需求。

適用年齡：25 → 38
適用膚質：乾性肌／中性肌／健康肌
適用對象：保濕滋潤保養

使用方法：
潔膚後或化妝水後使用。取適量保濕霜，直接塗勻在肌膚上。

小叮嚀：
1.加強保濕時，可先使用晚霜，再使用高效保濕精華液或保濕凍膠類。
2.一般保養，可在化妝水或高機能安瓶後使用。

成分：
主力成分：
油性保濕（荷荷葩油／小麥胚芽油／乳木果油／醣脂／維他命A／維他命E）；
水性保濕（甘油／丙二醇／己二醇／水解小麥蛋白／七種胺基酸）
協同成分：三酸甘油脂／魚鯊烷／依蘭精油／花梨木精油

達人分析：
外觀為白色（乳化劑／硬脂酸／抗水性矽靈

Dimethicone／揮發性矽靈Cyclomethicone／防腐劑／香料）。質地細緻，使用起來易塗抹分散。塗後潤澤保濕。15分鐘後，清爽舒適。輕微香氛感。

商品附加特色：

1.基質選配與香料用量的拿捏，符合安全、無負擔的精神。

2.不論油性保濕與水性保濕，皆選擇小分子易滲透的植物油和胺基酸為主。

3.對肌膚來說，這樣的保濕組合，對肌膚保濕力的強化，達到可加分的期待。

13

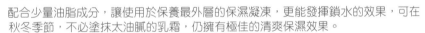

De Mon／
阿爾卑斯冰泉鎖水凝凍

配合少量油脂成分，讓使用於保養最外層的保濕凝凍，更能發揮鎖水的效果，可在秋冬季節，不必塗抹太油膩的乳霜，仍擁有極佳的清爽保濕效果。

適用年齡：25 → 35

適用膚質：乾性肌／中性肌／油性肌

適用對象：加強保濕

使用方法：

潔膚後取適量，全臉使用。或使用於保養的最後一道程序。

夏季與油性肌膚，可於化妝水後，取適量塗抹於全臉，即可達良好保濕鎖水效果。

秋冬與中、乾性肌膚，作為最後一道保養品，使用時以指腹輕輕按摩，幫助與肌膚角質層結合，鎖水保濕性會更好。

小叮嚀：

1.屬於含油脂且大分子多的凝凍，適合作為高機能精華液或營養霜的助滲透品項。可將高機能產品塗於肌膚，待乾燥吸附後，再塗上凝凍，並稍加按摩使肌膚溫熱，

幫助前面產品深度滲透。

2.可作為曬後肌膚鎮靜安撫用的敷面凍膠使用。

3.年輕肌膚，可於洗臉後塗上極薄的一層加強保濕。

成分：

主力成分：阿爾卑斯冰泉／保濕多醣體／維生素原B5／尿素／玻尿酸／蔗糖／多種胺基酸／乳木果油／杏核油

協同成分：鎮靜舒緩（火絨草／婆婆納）

達人分析：

外觀為淡藍色凝凍（多種高分子膠／多種多元醇／脂肪烷類／色料／防腐劑）。使用起來滑順易塗抹，塗後肌膚無黏膩的飽水感。香味宜人。

商品附加特色：

1.pH7左右的中性配方。以高分子膠搭配植物油脂、玻尿酸等作為吸水鎖水主力。

2.搭配小分子保濕／舒緩／鎮靜等成分，使凝凍與肌膚角質的結合性更好。

14

生化美容保養館BioBeauty／
DS玻尿酸深海膠原保濕凝凍

較大膽的啟用頭髮柔軟利梳用的矽靈成分（Methoxy PEG／PPG-7／3 aminopropyl dimethicone）作為肌膚柔軟與塗後具滑順觸感的修飾劑。產品塗後質地優於單獨的Carbomer凍膠。

適用年齡：18 → 35

適用膚質：乾性肌／中性肌／油性肌／健康肌

適用對象：加強保濕

使用方法：
潔膚後取適量，全臉使用，或使用於保養的最後一道程序。
夏季與油性肌膚，可於化妝水後，取適量塗抹於全臉，即可達良好保濕鎖水效果。
秋冬與中、乾性肌膚，可作為最後一道保養品，使用時以指腹輕輕按摩，幫助與肌膚角質層結合，鎖水保濕性會更好。

小叮嚀：
1.完全無油感的大小分子混用的凝凍。夏天可將高機能產品塗於肌膚，待乾燥吸附後，再塗上凝凍幫助保濕。冬天則可以保留到具油度的滋養乳霜後使用，以加強保濕效果。
2.年輕肌膚，可於化妝水未乾時，塗上極薄的一層，並用指腹推開至全臉，用以加強保濕。

成分：
主力成分：膠原肽／玻尿酸／多醣體／丁二醇／甘油
協同成分：舒緩膚質調理（海藻萃取／青柚籽萃取／薰衣草萃取／β-Glucan／甘草酸鉀）

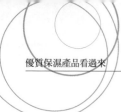

達人分析：
外觀為白色凝凍（多種高分子膠／水溶性矽靈／乳化劑／防腐劑／香料）。使用起來滑順易塗抹，塗時稍黏，15分鐘後，清爽無負擔。極淡香味。

商品附加特色：
1.使用多種高分子膠搭配乳化劑、矽靈，營造凝凍半透光的質地。
2.除玻尿酸為保濕主力之外，還搭配幾個舒緩調理成分，這些成分不易透過凝膠劑型滲入肌膚。
3.從成分的觀點來看，適合年輕族群，熟齡老化肌膚，起不了改善效用。

15

雪芙蘭／
保濕水凝霜

選擇白茅根萃取，延長肌膚保濕力。捨棄繁複的保養訴求，對國高中生來說，這樣的商品足以應付平時保濕需求。

適用年齡：15 → 25
適用膚質：中性肌／油性肌／年輕健康肌
適用對象：保濕

使用方法：
潔膚後取適量，全臉使用，或使用於保養的最後一道程序。
單純年輕族群，夏季保濕，可於化妝水後，取適量塗抹於全臉即可。秋冬時，可在加強乳液之後使用，使用時以指腹輕輕按摩，幫助與肌膚角質層結合，鎖水保濕性會更好。

小叮嚀：
1.薄薄一層，塗後用指腹按摩，可達清爽保濕的效果。
2.厚厚一層塗抹，且可用保鮮膜覆蓋，20分鐘左右擦掉水凝霜，再次清潔洗臉，可維持毛孔皮脂不阻塞，淨化毛孔污垢。

成分：
主力成分：玻尿酸／保濕多醣體／白茅根萃取／甘油／丙二醇
協同成分：鎮靜舒緩（蘆薈萃取）

達人分析：
外觀為淡藍色凝凍（Carbomer高分子膠／防水矽靈Dimethicone）。使用起來滑順易塗抹，塗後肌膚舒適、無黏膩。香味宜人。含色料／含香料／含化學防曬劑（穩定色料用）。

商品附加特色：
1.pH6.8左右。使用單一種高分子膠，雖以三乙醇胺為中和用的鹼劑，但酸鹼值控制得宜，無餘鹼之慮。
2.對年輕健康肌膚來說，不需要繁複的營養成分造成肌膚負擔，這樣的保濕膠，可以舒緩角質乾燥的現象。擦後觸感立即清爽，符合年輕肌膚的需求。

保濕品嚴選推薦

保濕品算是募集最為順利，報名最多的保養品項了。但評選參賽品的感想是，絕大多數品牌都犯了大小分子通吃的毛病。

就被皮膚吸收與利用的機會來說，大小分子混搭，就會有些小分子成分是「看得到吃不到」的，其實相當可惜。但從「配方的安全性」與「安定性」來看，大小分子通吃不至於有大礙，也因此配方可以有空間這麼「豐富」。（但豐富不一定對皮膚最好。）

品牌看待自家大小分子豐富的保濕品，就市場價值認知來說，並不認為是缺點，反而是行銷上的優勢。對一直沒機會弄懂「什麼叫大分子小分

子」的消費者來說，也不自覺的被洗腦被灌輸成「**營養成分越多越好**」。

我願意在**「基質組成皆安全」**＋**「配方配伍皆合理」**，加上**「實驗室基本試驗比對條件符合」**的前提下，評選出「優質保濕產品」，提供讀者安心選用的參考。

但在「嚴選推薦」的部分，介紹的則是**值得大家使用**或**更理性化的配方**或**更具示範說明價值的產品**。藉著優質商品為範例，作**「成分解析」**與**「商品解析」**與**「聰明延伸」**，希望提升讀者的判斷力，能更進一步聰明的選擇與搭用更適合自己的保濕品。

01 品木宣言ORIGINS／ Dr.WEIL青春無敵調理機能水

全成分：water, chamomile flower water, butylene glycol, PEG-4, cordyceps sinensis mushroom extract, ginger extract, turmeric extract, hypsizygus ulmarius mushroom extract, reishi mushroom extract, holy basil extract, sweet orange oil, lavender oil★, patchouli oil★, mandarin orange oil★, geranium oil★, olibanum oil★, limonene★, linalool★,citronellol★, geraniol★, aloe leaf juice, silybum marianumfruit extract, centaury extract, sucrose, PEG-40 hydrogenated castor oil, trideceth-9, glycerin, glycereth-26, sodium hyaluronate, trehalose, tromethamine, disodium cocoamphodiacetate, pentylene glycol, phospholipids, disodium EDTA, phenoxyethanol

品木宣言ORIGINS／Dr.WEIL青春無敵調理機能水

保濕組合

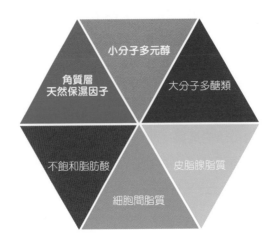

成分解析

保濕架構

水性保濕：
小分子多元醇（以氫鍵結的方式，黏住水分子）
對應成分：butylene glycol（丁二醇）、PEG-4、sucrose（蔗糖）、glycerin（甘油）、trehalose（海藻糖）、pentylene glycol（戊二醇）

大分子多醣類（以物理鍵結的方式，網住水分子）
對應成分：sodium hyaluronate（玻尿酸）

油性保濕：
細胞間脂質（強化角質層的油脂屏障）
對應成分：phospholipids（磷脂質）

活膚架構

菇類萃取：
小分子胺基酸、多醣體、微量元素、維生素群、抗氧化物
對應成分：榆幹玉蕈（hypsizygus ulmarius mushroom extract）、靈芝（reishi mushroom extract）、冬蟲夏草（cordyceps sinensis mushroom extract）

其他萃取：
抗氧化、鎮靜消炎等
對應成分：薑萃取（ginger extract）、蘆薈汁（aloe leaf juice）、水飛薊果萃取（silybum marianum fruit extract）、矢車菊萃取（centaury extract）

芳香料

有機精油：
香氛的精神舒緩
對應成分：薰衣草、廣藿香、橘、天竺葵、乳香、檸檬、芳樟醇、香茅醇、香葉醇（lavender oil★, patchouli oil ★, mandarin orange oil★, geranium oil ★, olibanum oil★, limonene★, linalool ★,citronellol★, geraniol★）、甜橘油（sweet orange oil）、鬱金香萃取（turmeric extract）、荷力羅勒萃取（holy basil extract）

基質架構

可溶化劑：
溶解精油與油脂
對應成分：PEG-40 hydrogenated castor oil、trideceth-9、glycereth-26、disodium cocoamphodiacetate

防腐劑
對應成分：phenoxyethanol、disodium EDTA（防腐助劑）

商品解析

1. 洗臉後，作為第一順位保濕化妝水的基本要件，是補充小分子的保濕元素，並且最好是能夠含有強化肌膚機能的輔助營養成分。這支商品，**以低濃度的大分子玻尿酸，搭配較多的小分子多元醇，創造極輕無負擔的保濕感。**

2. 極輕保濕之外，還必須要具備使用上的第二種價值才行。否則這樣的輕保濕品，就會陷入「究竟需不需要使用」的泥沼中。這部分，它提供了精油香氛，猶如淡香水般地濃郁，可滿足喜愛精油者精神舒緩的調理價值。**成功的跳脫出「陽春保濕」的行列。**

3. 在活膚成分的經營上，則以較特別的菇菌類萃取為主軸，主攻小分子胺基酸與強化肌膚免疫力的蕈類多醣體。**提供較積極的膚質改善的使用價值。**

4. 活膚成分的種類上多元，但不算是複雜，配方pH5.2有利於整體配方的安定，也有利於與肌膚角質的接觸。

5. 基質的選配上，使用可溶化劑溶解少量的精油與油性成分。兩者的配比量上，安全無虞。

聰明延伸

1. 選擇化妝水時，要以「水類保養品」的價值來思考。不需要過度的拘泥於第一瓶化妝水提供的就是高效保濕，反而**可利用化妝水在潔膚後第一步驟使用的時機，選擇肌膚之「最必需」。第一必需，小分子水性活膚成分**。至於活膚概念，則依個人肌膚需求而修正。

    重保濕者，加強能提升角質層自我保濕能力的小分子胺基酸類。

    重美白者，則選擇水性美白成分，外加有效的滲透助劑、具前導作用的助劑的組合。

    重膚質改善者，則選擇豐富胺基酸、維生素群、抗氧化物、酵母萃取等組合。

2. 使用這款「Dr.WEIL青春無敵調理機能水」之後，需加強油性保濕時，可隨後選擇，類似「依碧小麥磷脂質晚霜」或「芳珂活膚DX滋潤乳霜」或「BOBBI BROWN夜間修護霜」或「ARDEN黃金導航膠囊」或「永久Alpha-E 抗皺精華液」來打底。而選哪一款比較合宜？第一，跟預算有關。第二，跟年齡與膚質有關。第二個問題，則可參考每個品項表格介紹中的適用年齡與膚質。

3. 需要再加強水分的話,可以「杜克高效保濕B5凝膠」或「水平衡保水網乳液」或「DR.WU海洋膠原保濕乳」或「De Mon阿爾卑斯冰泉鎖水凝凍」或「BioBeauty玻尿酸深海膠原保濕凝凍」或「雪芙蘭保濕水凝霜等」來加強。而選哪一款比較合宜?第一,跟預算有關。第二,跟肌膚狀況有關。第二個問題,還是參考每個品項表格中建議的適用年齡與膚質。

4. 化妝水的選擇,可以不含酒精、不含界面活性劑。但如果化妝水中,連小分子助滲透的保濕多元醇類都沒有的話(甘油、丙二醇、丁二醇、山梨醇等等),那這支化妝水不論標榜的是什麼樣的活膚成分,都將因為不容易穿越角質障礙,而不容易被皮膚利用。典型的商品,像是純的花水、純的礦泉、純的深海水等。

嚴選推薦 02 | 伊碧Estebel／小麥磷脂質晚霜

全成分:water, caprylic／capric triglyceride, sorbitan stearate, stearic acid, glycerin, jojoba seed oil, wheat germ oil, dimethicone, cyclopentasiloxane, shea butter, squalane, PEG-100 stearate, glyceryl stearate, propylene glycol, hexylene glycol, phenoxyethanol, tocopheryl acetate, sucrose cocoate, hydrolyzed wheat protein, fructose, glucose, serine, arginine HCl, sodium methylparaben, fragrance, xanthan gum, retinyl palmitate, glycolipide, rosewood oil, cananga odorata flower oil, sucrose, urea, dextrine, BHT, BHA, alanine, aspartic acid, glutamic acid, hexyl nicotinate

依碧Estebel／小麥磷脂質晚霜

保濕組合

成分解析

保濕架構

水性保濕：
小分子多元醇（以氫鍵結的方式，黏住水分子）
對應成分：glycerin（甘油）、propylene glycol（丙二醇）、sucrose（蔗糖）、
trehalose（海藻糖）、hexylene glycol（己二醇）、fructose（果糖）、glucose
（葡萄糖）、dextrine（葡聚醣）

角質層天然保濕因子（補充角質層天然保濕因子）
對應成分：urea（尿素）、alanine（丙胺酸）、aspartic acid（天門冬胺酸）、
glutamic acid（麩胺酸）、serine（絲胺酸）、arginine HCl（精胺酸）、
hydrolyzed wheat protein（水解小麥蛋白）

油性保濕：
細胞間脂質（強化角質層的油脂屏障）
對應成分：glycolipide（糖脂）

皮脂腺脂質（補充皮膚的天然皮脂）
對應成分：caprylic／capric triglyceride（三酸甘油脂）、squalane

不飽和脂肪酸（修復與強健角質細胞）
對應成分：jojoba seed oil（荷荷葩油）、wheat germ oil（小麥胚芽油）、shea butter（乳木果油）、tocopheryl acetate（維他命E）、retinyl palmitate（維他命A）

活膚劑：
血管擴張劑，增加表面皮膚血流量
對應成分：hexyl nicotinate（菸酸己酯）

芳香料

天然精油
對應成分：rosewood oil（花梨木精油）、cananga odorata flower oil（依蘭精油）

基質

乳化相：
傳統乳化劑+植物乳化劑+硬脂酸+高分子膠
對應成分：sorbitan stearate、PEG-100 stearate、glyceryl stearate、sucrose cocoate、stearic acid、xanthan gum

防腐劑
對應成分：phenoxyethanol、methyl

paraben

抗氧化劑：
防止配方中的油性成分氧化酸敗
對應成分：BHT、BHA

觸感修飾劑：
使產品滑順易塗抹
對應成分：dimethicone、cyclopentasiloxane

商品解析

1. 保濕乳霜的要件，是同時補充小分子的水性保濕與小分子的油脂保濕劑。這支商品在小分子的保濕上，不論是油性或水性都算齊全，另外保留了高分子保濕的空間，讓有更高保濕需求者，或者是在乾寒的季節，能在乳霜之後再補強擦上大分子像是玻尿酸精華、玻尿酸凝凍等的保濕品。

2. 保濕乳霜，**若要長久使用，最忌配方中使用了過多的油脂修飾劑（即合成酯）**，也忌諱使用過於複雜的乳化劑。這支商品，未使用無護膚價值的合成酯，採用安全簡單的乳化劑。在長期使用上，提供更多的安心。

3. 香料的選用上，則以極少量的精油，創造優雅香氛。對肌膚來說，可大大的減少精油或香料過敏的風險。

4. 從健康熟齡肌膚的保濕保養來看，這個配方相當符合保濕滋養霜的價值。

聰明延伸

1. **晚霜，不見得限定晚上使用**，除非含有明確的白天不宜的成分。有些晚霜，實是為了因應品牌的日霜中含有防曬成分，而另外推出晚上用的乳霜品項。換句話說，只要沒有「化學防曬成分」就可以考慮作為晚霜。

2. **乳霜不一定「最後擦」**，這瓶乳霜中的成分，其分子都遠小於玻尿酸原液、凍膠類，甚至是高稠度的精華液。（**雖含有少量的高分子膠xanthan gum來安定乳化，但其量不足以構成大分子網的滲透阻礙**）。所以，乳霜類製品，如果沒有大量的大分子存在時，把使用順序調整到大分子保養品（**像是玻尿酸精華、高稠度的水性精華液、玻尿酸凝凍等**）之前，這樣效果才能兼顧。

3. 保養型的保濕乳霜，重點在**添加的油脂必須是對皮膚保養有絕對價值的（請參考周全的保濕菜單，44頁）**。過多的合成酯、礦物油脂等，作用是在「強力鎖水」，只適合超乾性肌膚、病理性乾燥肌膚以及環境非常乾、非常冷的氣候使用。

03 艾芙美 A-derma／
燕麥異膚佳乳液

全成分：water, petrolatum, sorbitan stearate, shea butter, mineral oil, oat kernel extract, glycerin, butylenes glycol, evening primorose oil, aluminium starch octenylsuccinate, niacinamide, behenylal alcohol, dimethicone, benzonic acid, carbomer, BHT, chlorphenesin, phenoxyethanol, sucrsose cocoate, tetrasodium EDTA, xanthan gum, triethanolamine

艾芙美 Aderma／燕麥異膚佳乳液

保濕組合

小分子多元醇

大分子多醣類

角質層
天然保濕因子

皮脂腺脂質

不飽和脂肪酸

細胞間脂質

成分解析

保濕架構

水性保濕：
小分子多元醇（以氫鍵結的方式，黏住水分子）
對應成分：glycerin（甘油）、butylene glycol（丁二醇）

油性保濕：
不飽和脂肪酸（修復與強健角質細胞）
對應成分：evening primorose oil（月見草油）、shea butter（乳木果油）

鎖水劑
對應成分：petrolatum（凡士林）、mineral oil（礦物油）

活膚劑
對應成分：oat kernel extract（燕麥萃取，主要取燕麥中的多酚類）、niacinamide
（維他命B3）

基質

乳化相：
傳統乳化劑+改質澱粉+高級醇+高分子膠
對應成分：sorbitan stearate、sucrsose cocoate、aluminium starch octenylsuccinate、behenyl alcohol、carbomer（& triethanolamine）、xanthan gum

防腐劑
對應成分：benzonic acid、chlorphenesin、phenoxyethanol、tetrasodium EDTA
（防腐助劑）

抗氧化劑
對應成分：BHT

觸感修飾劑
對應成分：dimethicone

商品解析

1. 若從清爽舒適的保濕品角度來看，這當然不是支能廣被喜愛的保濕

乳。選擇這樣的產品，是要有目的性的。此乃**針對「病理性乾燥」與「敏感性肌膚」而設計的保濕配方**。想要水潤保濕、清爽無負擔，選這支就不對了，但當肌膚出現換季性乾癢、冬季四肢缺脂性發癢時，這樣的產品就派得上用場。

2. 配方只提供小分子的基本保濕，接著就是以凡士林、礦物油來強力的鎖水。另外提供的是角質修復的油脂與抑制發炎的燕麥萃取。

3. 配方中，雖是針對病理性乾燥（像是魚鱗癬／異位性皮膚炎），但並沒有刻意「迴避」防腐劑的使用。產品在臨床上的效果，卻有一定的口碑。這或許可以讓聞「防腐劑」色變，一意認為有加防腐劑的產品就是會導致過敏的讀者一些省思。

聰明延伸

1. 皮膚出問題了，像是已經抓傷皮膚的冬季癢、凍傷乾裂、病理性肌膚等，這時候擦含有太多營養成分的保濕霜（譬如周全的保濕菜單中的六塊拼圖全到位），其實反而不利於皮膚的休養生息。這時候，只要把握在洗後，皮膚尚保持在濕潤狀況下，立即塗抹高鎖水性的保濕乳

霜,對皮膚就是最好的保養。

2. **孩童的肌膚,在周全的保濕菜單下來看,是屬於六塊拼圖都不缺的超級健康肌。**所以,對於冬季受凍或洗澡過度去脂的乾燥,使用這一類以礦物油、凡士林為主的保濕乳霜,讓皮膚不繼續乾裂,對孩童來說就是最好的產品。

3. 對前往大陸、國外乾寒氣候地區旅遊的人來說,**瞬間氣候大轉變的保濕保養**,不適宜用培育強健肌膚似的細燉慢煮的方式來因應。這時候,在平時的保養之後,臉部、包括全身,**塗上一層這一類以礦物油、凡士林為主要鎖水成分的保濕乳,才有辦法對抗突如其來的乾寒。**

PART 2
美白篇

完美美白祕辛

保養品的美白，不是有加就有效

美白保養品在台灣的化妝品市場大餅切割了三分之一塊。這樣的市佔率還不包括也添加有美白成分的抗老、防曬、保濕等保養品。台灣人愛美白，所以即使是抗老系列、防曬品、保濕類，甚至是抗痘、去角質產品，如果訴求上多了「美白」，那消費者的購買意願也會跟著旺盛。

所以，「含有美白成分」、「具有美白效果」等文字，就散佈在各式各樣不同訴求的保養品成分說明書與DM當中。

096

在選擇保養品時，如果偏好保養品中同時兼具有美白效果，那就得先有以下的基本認知才好。**第一點，美白成分是多樣且複雜的。不同的美白成分要求的安定條件差異頗大**，必須考慮的配方安定技術比較高。不像保濕成分或防曬成分那麼容易「異地求生」，實際上並**無法隨意地添加在各式各樣的保養品或彩妝品中。**（延伸的意思是有加也不見得有效。）

第二點，美白成分，放在不適合的配方環境中（例如酸鹼值不對、未做好防光害防分解配套等），是很容易自行陣亡、失效的。所以，去充當防曬、抗老化、抗痘等商品的配角時，在不搶主角風采的前提下，配方原則，當然是以安定主角為先，所以美白效果不彰就司空見慣了。

這兩個基本認知，要協助讀者的要點是：**All in One的保養組合配方**，在動作上當然可以辦到（**把所有的成分都加在一起，那還不容易嗎？！**）但**能不能每一種功效都到位，有配方技術上的瓶頸，同時還有皮膚吸收利用上的困難。**

所以，觀念上要視All in One為一種簡易廣泛的保養選擇，以不奢求明顯效能的態度來使用，比較正向，也更為符合事實。（**像是開架式保養品牌中的某幾個熱銷品，就提供所謂的多元多效，訴求一次解決肌膚多種不同的煩惱。**）若過度期待All in One的全面功效，甚至花更高的金額來追求全效與高效，那從金錢、效果、時間等效益面來看都不值得。

哪一個品牌，美白效果最強大？

「美白第一名的美譽」落誰家？恐怕是年年會有不同。此話怎講呢？

看過幾個網路上以「批評」聞名的保養品達人發表高見，**最訴病品牌的誇大不實之處，首推美白商品的文宣**。非常不客氣的指出品牌每年推出新的美白商品，新的文宣說詞，都在自掌嘴巴，推翻自己過去的說法，有著間接告訴消費者，該品牌過去的美白品不怎麼樣的自我嘲諷。常見品牌類似的說詞有「經過十幾年的反覆實驗研究，終於發現黑色素真正生成的原因。」「終於找到或研發出能控制黑色素生成的成分。」「獨家黑色素阻斷科技的新發現，獨家美白專利成分。」

我可以假設，消費者是健忘的、喜新厭舊的。所以，品牌才會一直更新說詞、更新配方與包裝，試圖留住熟客、吸引新客源。

我可以了解，美白成分推陳出新，是因為**美白成分的作用機轉（原理）被科學界一再地實驗與反覆探討，效果與安全性等的真相越來越見清晰**。品牌必須誠實面對科學的結論，調整配方、尋找新的、有效的成分來替代。

我必須說明，**引發黑色素生成的各種可能路徑（啟動黑色素製造的直接與間接因素），被發現的時間，確實存在著先後的差別**。所以，品牌的

說法非完全的昨是今非，也非天馬行空的胡亂創造，特別是國際級的知名品牌，沒有空間拿品牌形象亂開玩笑。

可以預見的，美白機轉越來越分明，美白成分的作用標的越是明白之後，未來的美白保養品，效用上將更精確，誇大無效的美白產品也會被自然淘汰。而這其中最奧妙耐人尋味之處，就是品牌不斷的更新美白配方的動作了。究竟是找到更有效的美白配方，還是因為舊品不敵市場的考驗而敗退下來（**譬如口碑不佳、效果不如預期**）？除了品牌自己知道之外，消費者得自己練就一番功夫去分辨。

哪一種成分，美白效果最好？

這可不只是記者愛問的問題而已，第一線的銷售人員「很希望」自家品牌用的就是美白效果最快的成分，這樣最有利於行銷（**因為顧客就信這一套說詞**）。消費者更想從學者、專業人的口中得到「最公正、精準」的答案（**學者是科學數據的發言人**）。化妝品研發製造者，更是想知道用哪個成分最神效啊！（**每個品牌都想推出宇宙無敵超強美白商品來分食市場大餅，甚至只要知道哪個成分效果最好，即便是違禁類成分，都有廠商敢鋌而走險呢！**）

哪一種成分效果最好？究竟有沒有答案？當然有，但是不具參考價值！你也許會想，這可怪了，語句中似乎有矛盾之處。再換個方式來說明吧！

你可以問哪一種水果最營養？我可以就營養成分的豐富度，回答是奇異果。但是你的理想或許是番茄，因為它的茄紅素最多。

你可以問何種水果含的維他命C最高，我可以精準回答是櫻桃。但不能保證你喝下聲稱含天然櫻桃的果汁（**可能是鋁箔包的、賞味期七天的、5℃冷藏的**）與新鮮現榨的櫻桃汁，維他命C是一樣的新鮮或者濃度一樣。

從美白的角度來看，的確是可以比較哪一種成分抑制酪胺酸酵素活性的能力最強，但這個能力無法斷絕黑色素生成的所有源頭與解決蔓延出的問題。

從美白的配方角度來看，最有效的美白成分，必須能被安定的保護其活性價值，有了活性價值還得能夠順利的滲透入肌膚裡，才有發揮美白效果的機會。

我要告訴讀者的是：**即使某牌聲稱添**

加高濃度傳明酸或史上最高濃度的左旋Ｃ，都沒有必要因此而立即心動。

因為這其中有太多的過程，足以影響最終的美白價值了。

美白保養品，要擦多久才會白？

「要擦多久才會白啊？」不要覺得好笑，怎麼可能有人問這種蠢問題！你必須知道這是百貨公司化妝品專櫃前，櫃姐們最常被顧客問到的問題。（**這也意味著：很多保養品使用者，對保養品的認知非常地粗淺且易受他人的話語左右。**）

櫃姐回答出的美白時間越長，顧客掉頭走的機會就越大。所以，每個品牌都在「搶時間」，舉凡「十四天白回來」、「只要半個月還你一張乾淨無瑕的臉」，甚至還有醫師出書，把書名定為《二十八天美白嫩膚》。（**如果書名叫《美白時鐘快不了》，那誰會買來看？**）

問我多久才會白？我的答案將很冗長。還好我不是櫃姐，不然顧客會全讓我嚇跑，老闆會炒我魷魚。

你是否也犯了這樣的毛病？像是毫不考慮自己臉上的黑色素是哪一

種，不分青紅皂白的追求大家口耳相傳的美白偏方。像是忙著搶購網路上口碑最佳的美白品牌。像是盯著水果日報看最新款的美白品，深信不疑評比專家說的哪一瓶效果最好的推薦。

口耳相傳、網路票選、專家評析，所言的內容都沒有必要作假，也不會是假的，關鍵在必須適合你才有用。雖然大家的需求相同（**都是要美白**），但偏偏每個人皮膚上的色斑狀況與皮膚條件就是不相同。

舉個例子，有人膚色均勻，但就是暗沈、黑了點。可能選擇具有去角質作用的美白產品（**像是果酸類衍生物、水楊酸衍生物**），不消幾天，膚色即顯明亮。但是同樣的產品，用在佈滿淺淺雀斑的白皙肌膚者臉上，可能一點效用也沒有。

而如果選對了適合自己臉上色斑問題的美白商品，那究竟要擦多久才會知道有沒有效？較合理的答案是**「整體肌膚白皙度提升：一個月。開始有感覺（包括自己與旁人的觀察）：兩個星期。**長期使用，就能維持肌膚一定的白皙度。」**「雀斑淡化：第一個月最明顯淡化。前三個月有效，接著效果遲緩。（因為較深層的雀斑，無法繼續靠外擦品有效滲入而淡化。）」「顴骨斑、蝴蝶斑、黃褐斑、肝斑等，再強效的美白品都看不到效果，**得動用到醫師處方的對苯二酚+維生素A酸+類固醇藥膏。（這些斑一定要做組織細胞的破壞，才有機會不見或淡化。）」**「局部的黑痣，雷射才有用。」**

　　讀者要注意：上述的時間，是在「選對」產品的前提下推算的。換言之，擦了一個月完全沒有任何感覺，不是美白效果很差，就是押錯寶了。而當臉上的色斑問題，原本就不是美白保養品能淡化、改善的，那與其怪罪美白無效，不如怪自己沒有概念，異想天開。

　　而當美白產品的效果不尋常的快，那就要懷疑添加「違法、禁用、不安全」的成分了。

不入流美白商品的樣貌

　　老實說，我不欣賞「集眾美白成分於一瓶」以及「強調超高濃度」的美白產品。（**幾天可白、立即白的產品，不是不欣賞而已，而是根本不予苟同。**）我知道，這很悖離大眾消費者的喜好，所以必須說清楚講明白。

　　首先，我要嚴正的指出，**把所有的美白成分全都加在一起，不是配方技術高超，而是不負責任的作法**。這種配方，只有一種意義～「投顧客所好，以此取得青睞，不費任何力氣，輕鬆賺取金錢。」（**擺明著欺負你的不懂，賺你的錢，還可以數著鈔票笑你呆。**）

其次要說明的是，不論是美白成分的All in One或者是美白成分的高濃度，這樣的「動作」，從世界級銷售冠軍的大品牌到地方性的小化妝品代工廠，都只有為與不為，沒有辦得到與辦不到的問題。**讀者一定要明白，這不是技術，更非專利或獨家。**

「擁有很多美白成分，不是可以多管齊下的達到更好、更快的美白效果嗎？」那當然。要美白，同時使用多種美白成分，啟動各種可能的美白機轉，一定有加分的效果。但其概念是建構在「完成」保養程序上，也就是，在化妝水→精華液→乳霜（**假設狀況，也可以是兩瓶或是四瓶**）保養程序中，三個步驟的三支產品中，若能讓美白成分多元的到位，就算是理想的多重美白。

這與用一瓶搞定有差別嗎？當然有。很多的美白成分放在同一瓶配方，有成分互相作用或抵觸的問題，譬如，果酸＋維他命C磷酸鎂＋熊果素，這就會有酸鹼不相容的問題。若配方偏酸，維他命C磷酸鎂就沒有價值。若偏中鹼性，果酸就等於白加，熊果素的活性降解速度也跟著加快。所以，不論酸鹼度調到哪裡，都有盲點。再舉複雜些的，讀者都要看不懂也無法理解了。

把化學性質差異大的美白成分，分別安排在不同的品項中，如此才能在保存期限內，**確保美白成分的活性達到最佳的效果**。擦到臉上的，才是有效的美白成分，而不是早早就陣亡的美白灰燼。

105

美白成分知多少？

　　現代版的美白成分，多到讓人目不暇給，有的品牌專打「衛生署認可的美白成分」牌。有的強調「全世界公認最有效」的維他命C。有的標榜「獨家專利美白科技成分」。有的大玩「天然植物萃取安全有效至上」的話題。有的祭出「中草藥漢方」，強調歷史五千年的背書。

　　消費者哪懂得那麼多！也沒興致為了喝牛奶而養條牛、開個牧場，潛心研究美白成分。但越是不關心美白成分的發展與虛實，就越容易被廣告誘導而相信，就越依賴品牌之外的媒體評比、網路口碑、專家說法⋯⋯

　　漸漸地，我也覺得，對單一成分描述過多，反而會誤導讀者去追逐含某個「有效」成分的產品。（**曾經有讀者就問過我，哪一個牌子的眼霜有含維他命K？他遍尋不著啊！**）

　　我不希望後期的作品《化妝品達人系列》，再創造出更多的「成分解析專家」，帶著一群他（她）的擁戴者走向越拆解成分，對產品的認識越是偏頗的不歸路。

　　所以，鄭重強調：**美白效果，不是由美白成分決定的，而是由「美白配方」決定的**。選擇有效果的美白成分搭配，是化妝品業者的基本功，（**一般認真的讀者也具有這種功力呢！**）做成有實際效果的美白商品，才

是化妝品研發者比高下的決戰點呢！

　　以下要讓大家一目了然美白成分的真相（請見p108）。不論是台灣衛署核可的，或是未核可的，我們必須知道，**「有效的」美白成分，有八成以上是水溶性的**。而這些有效的美白成分，還有另外一個特點，就是**分子量都很小，小於500道耳吞**。小分子的水性成分，很容易吸附在角質層，更有極大的機會，直接經由皮膚的角質層縫隙，蜿蜒而入滲透到皮膚的活細胞層中。

　　從配方的角度來說，**水性的美白成分，必須藉助配方設計，創造「機會」讓它滲入皮膚裡，才有辦法開始進行美白的工作**。又礙於水溶性成分，對角質層的穿越性不佳，所以最好要有「助滲劑」來幫忙「開路」。像是小分子的保濕劑甘油、丙二醇之類的，像是酒精，甚至是其他藥膏常用的滲透助劑等。

　　而**凡是會影響阻礙滲透的物質，在美白配方中存在的越多，美白成分滲入肌膚的通道攔阻越大，有效美白的機會就相對減少**。

　　像是高分子膠質過度的使用，弄得一瓶美白精華液又黏又稠的，就是典型的例子。這樣的配方，加了一大堆或高濃度的美白成分，其實大多數情況會因為膠質的束縛，無緣順利滲入。這樣的配方，美白成分再新鮮，活性再高也無法高效率的發揮效用。

水性美白看過來

名稱	分子量	美白原理（機轉）	備註
左旋維他命C L-Ascorbic acid	176	1.抑制酪胺酸酵素的活性 2.短暫還原淡化氧化型麥拉寧	
維他命C磷酸鎂鹽 Magnesium ascorbyl phosphate	759	1.抑制酪胺酸酵素的活性 2.短暫還原淡化氧化型麥拉寧	衛署核可 3%
維他命C磷酸鈉鹽 Sodium ascorbyl phosphate	322	1.抑制酪胺酸酵素的活性 2.短暫還原淡化氧化型麥拉寧	衛署核可 3%
維他命C醣苷 Ascorbyl glucoside	338	1.抑制酪胺酸酵素的活性 2.短暫還原淡化氧化型麥拉寧	衛署核可 2%
麴酸 Kojic acid	142	1.螯合銅離子 2.間接抑制酪胺酸酵素的活性	衛署核可 2%
熊果素 α-Arbutin與β-Arbutin	272	1.凝結酪胺酸酵素的活性	衛署核可 7%
對苯二酚 Hydroquinone	110	1.抑制酪胺酸酵素的活性 2.破壞黑色素細胞（毒化細胞）	衛署核可 （藥品）
傳明酸 Tranexamic acid	157	1.黑色素傳遞路徑的阻斷 2.間接抑制酪胺酸酵素的活性	衛署核可 3%
甲氧基水楊酸鉀鹽4MSK Potassium methoxy salicylate	206	1.強化角質細胞更新代謝 2.間接抑制酪胺酸酵素的活性	衛署核可 3%
鞣花酸 Ellagic acid	302	1.螯合銅離子 2.阻止黑色素氧化顏色加深	衛署核可 0.5%

名稱	分子量	美白原理（機轉）	備註
維他命B5衍生物 Calcium pantetheine sulfonate	371	1.抑制TRP-1蛋白的活性	
Sepiwhite MSH Undecylenoyl phenyalanine	324	1.黑色素細胞刺激素分泌的控制	
退黑激素 Melatonin	232	1.黑色素細胞刺激素的分泌控制	
維他命B3 Niacinamide（nicotinamide）	122	1.抑制黑色素體從黑色素細胞轉移到角質細胞	
MELFADE-J 熊果莓萃取Bearberry extract		1.抑制酪胺酸酵素的活性	
桑科枸樹 Paper mulberry		1.抑制酪胺酸酵素的活性	
虎耳草萃取 Saxifraga sarmentosa extract		1.抑制氧化，使黑色素不易加深	
櫻花萃取 Sakura extract		1.抑制黑色素細胞產生黑色素	
Melawhite 白細胞萃取Leukocyte extract		1.抑制酪胺酸酵素的活性	
Tyrostat 11™ 西洋蘿蔓萃取Field Dock（Rumex spp.）extract		1.抑制酪胺酸酵素的活性	

名稱	分子量	美白原理（機轉）	備註
Melaslow ™ 柑橘皮萃取Citrus unshiu peel extract、甘油glycerin		1.抑制酪胺酸酵素的活性	
Clariskin Water、小麥胚芽萃取Triticum vulgare（Wheat germ）extract		利用萃取液中的穀胱甘肽glutathione與穀胱甘肽還原酶lutathione reductase，轉向黑色素的合成路徑	
Dermawhite Mannitol、Arginine HCL、Phenylalanine、Disodium EDTA、Sodium citrate、Kojic acid、Citric acid、Yeast extract	複方混合液	1.螯合銅離子 2.刺激角質細胞增生	
Clerilys™ Water、白芷Angelica dahurica roots extract、黃瓜萃取液Cucumis sativa（cucumber）seed extract、白千層Alba hibiscus bark extract、洛神葵花萃取Sabdariffa flower extract、發酵葡萄萃取Fermented grape extract	複方混合液	1.抑制酪胺酸酵素的活性	
MELACLEAR II β-Carotene、Dithio octanediol、Gluconic acid	537、182、196	1.抑制酪胺酸酵素的活性 2.酪胺酸酵素活化過程中，抑制糖與蘇胺酸、絲胺酸反應。	
Gatuline® Whitening 甘草Glycyrrhiza glabra（Licorice）root extract、麴菌屬酵素Aspergillus ferment、滲透劑Ethoxydiglycol	複方混合液	1.抑制酪胺酸酵素的活性	

名稱	分子量	美白原理（機轉）	備註
EVER CELLWHITE 牡丹萃取Paeonia suffruticosa root extract、葛根萃取Pueraria lobata root extract、乙醯酪氨酸Acetyl tyrosine	複方混合液	1.抑制酪胺酸酵素的活性 2..抑制內皮素-1（ET-1）的活性 3.抑制麥拉寧自體氧化作用	
Skin Lightening Complex 175 黃芩Scutellaria root extract、甘草Licorice extract、桑白皮Mulberry root extract、地榆Burnet extract	複方混合液	1.抑制酪胺酸酵素的活性	
Bio-white 桑白皮Mulberry root extract、虎耳草Saxifraga stolonifera extract、葡萄籽Grape seed extract、黃芩Scutellaria root extract	複方混合液	1.抑制酪胺酸酵素的活性	
GIGAWHITE Water、Glycerin、錦葵Malva sylvestris（Mallow）extract、薄荷Mentha piperita（Peppermint）leaf extract、歐洲櫻草Primula veris extract、斗蓬草Alchemilla vulgaris extract、婆婆納Veronica officinalis extract、香蜂草Melissa officinalis leaf extract、歐蓍草Achillea millefolum extract	複方混合液	1.抑制酪胺酸酵素活性 2.黑色素傳遞的路徑拮抗 3.阻止黑色素氧化顏色加深	

油性美白看過來

名稱	分子量	美白原理（機轉）	備註
洋甘菊萃取液 Squalane extract （Chamomile ET）		1.抑制內皮素-1（ET-1）的活性	衛署核可 0.5%
Lumiskin Diacetyl boldine	327	1.抗氧化作用 2.穩定非活化型的酪胺酸酵素	
杜鵑花酸 Azelaic acid	188	1.抑制酪胺酸酵素相關蛋白的活性	
油性維他命C衍生物 Ascorbyl palmitate Ascorbyl stearate Tetrahexydecyl ascorbate（同義字： Ascorbyl tetraisopalmitate）	384 414 1136	1.抑制酪胺酸酵素的活性 2.短暫還原淡化氧化型麥拉寧	理想化的美白 原理，與事實 有差距
麴酸雙棕櫚酸酯 Kojic acid dipalmitate	619	1.螯合銅離子	
光甘草定（甘草黃酮） Glabridin	324	1.抑制酪胺酸酵素活性	
齊墩果酸 Oleanolic acid	457	1.抑制酪胺酸酵素相關蛋白的活性	

美白組合知多少？

前面的表格裡，屬於水溶性的維他命C（包含衍生物）有五個，油溶性維他命C衍生物，列舉了三個。

如果一支美白商品，非常努力的把上述的八種維他命C衍生物配方在同一瓶，那表示什麼？「可以創造維他命C的最高價值？」「可以使維他命C的濃度因為加成而達到最高？」真正的答案是：**這八種成分，美白的方式是完全相同的**，換言之，只能期待對酪胺酸酵素的抑制與短暫還原黑色素，**美白的全面進攻計畫是失敗的**。

當然，有人真的很愛「維他命C」，因為它的美白效果最快、最看得

見（短暫快速還原黑色素，這點很能繫住求快者的心）。所以，**要選也得是保證高活性的維他命C才值得**。八種配在一起，或前五種水性的配在一起，配方上是行不通的，效果當然也不可能彰顯出來。

前五種水性美白成分，因為它們全部都不安定、易自行氧化而失去效果。所以，原料界才會開發出那麼多種維他命C的衍生物，並利用「專屬」的配方環境（**像是特定的pH範圍、特別的安定劑來配伍等**）來加以安定，以延長活性保存期。所以囉！**五個維他命C衍生物，安定化的條件嚴謹的說是各不相同的。一起配方，就得「互相遷就」，互相遷就的結果，就是各自犧牲部分的活性與有效性！**

三種油溶性的維他命C衍生物，配方在一起又如何？業者（**包含原料商**）標榜的是油性維他命C比水性的安定好配方多了（**這點大家都認同**），油性維他命C滲入皮膚後，會被皮膚的解脂酵素分解為維他命C的原始模樣，再開始進行美白的作用。

關於這樣的思惟，只能簡單的說「想得美」！因為科學實驗證實，油溶性維他命C，無法在滲入皮膚裡的合理時間內，被解脂酵素打斷。所以，**想利用脂溶性維他命C來達到美白效果，有實際上的困難。**

把這些脂溶性維他命C，拿來做酪胺酸酵素抑制的試管試驗，當然是無效的。所以，注意看到，**衛生管理單位並未核可任何脂溶性維他命C是**

美白成分喔！

再來談談美白成分的美白作用方式。目前應用在保養品中的，仍然以「抑制酪胺酸酵素的活化」為最多。

換言之，如果不考慮成分是否會互相衝突而使效用消失，光是從美白成分來看，一瓶美白精華裡，以「維他命C醣苷＋脂溶性維他命C＋熊果素＋西洋蘿蔓萃取＋熊果莓萃取＋桑椹萃取＋甘草萃取」，這樣的組合，看起來很豐富，美白成分很多元，其實所發揮的效果是一樣的，都是抑制酪胺酸酵素的活性。

也就是說，離全面「圍堵」黑色素生成，離全面有效美白，還有一段距離。要**選擇這樣複雜卻都是相同美白作用的配方，倒不如選擇單一美白成分的配方**，濃度高些還比較實在，至少不必擔心效果相抵銷、或配方過於複雜造成的皮膚負擔。

複方植物萃取，在送審想通過成為衛生署核可的美白成分上，往往遭

遇到非「**純質的單一成分**」而難以過關的問題。

　　但在商業實際應用上，複方的植物萃取，不乏國際級原料商開發出來，也非常普遍的應用在美白保養品中。這些植物萃取，其實具有相當好的美白效果。其之所以效果頗受化妝品界肯定而引用，主要在於選擇多元的組合方式，可以同時啟動較多的美白機轉，對黑色素的生成做更有效的圍堵。

　　所以，細心的讀者可以從各品牌選用的植物萃取名稱中，組合出該品牌用的是哪一支原料原廠的美白複方。**講白一點，隨意組合**一些單方萃取，像是小黃瓜萃取＋甘草萃取＋西印度櫻桃萃取，這種看似合理的美白複方，其實**是無法發揮合理看得到的美白效果的**。要有明確的美白效果，幾乎都得仰賴原料商組合的黃金比配（**當然這其中還有成分上的商業機密，光憑全成分欄的訊息是瞧不出端倪的**）。

美白精華是美白效果最關鍵的一瓶？

　　幾乎所有的品牌，都會把最高濃度、最豐富的美白成分，挹注到美白精華這一瓶來。當然，高價格也相對地反映出精華液的成本與重量級的身

分。

但如果你不懂得選擇，只知道美白精華才是關鍵的一瓶，仍然會有花冤枉錢的機會。

選擇的陷阱，可以分以下幾個：第一，美白成分的配伍不當；第二，美白之外的功能太多；第三，質地過於黏稠。

關於第一點，除了在隨後的優質美白商品推薦中，我將協助過濾掉品牌裡配伍不宜的商品之外，讀者可以利用美白的成分表格，對照了解而學習到**不去選擇美白作用相同的產品組合（或者說，不要在連續幾瓶保養品中，堆疊的是相同美白作用的成分。像是化妝水→精華液→乳霜，都使用相同作用的美白成分時，這種情形，就只選擇其中一瓶就好了）**。基本上，黑色素的生成，不是只要去抑制酪胺酸酵素的活性就可以達成，而是要試著從各種可能製造黑色素的因子中，逐一的阻斷。

針對第二點，**美白之外的功能太多，會減少美白成分滲入肌膚的比例**，相對的，美白效果也會比較弱。這其實是很容易理解的道理，卻是大家容易犯的毛病。一樣是小分子，將維他命C醣苷與胺基酸、胜肽、茶多酚、維他命E等等成分放在一起，看起來是美白、抗老化、抗氧化都到位了，但如果四種成分所佔的比例相同，那皮膚就只能提供各四分之一的裝載量來裝填這些高機能性成分。要看到滿意的美白效果，就會慢些。（**相**

反的,對於沒有強烈美白需求,喜歡各種功能均顧的人,這就是好的配方。)

第三點,質地過於黏稠。黏稠的原因之一,是加入過多的高分子膠質,創造精華液很物超所值的質感。但黏稠的貢獻者,若多數是高分子物質造成的,不論是單純的增稠高分子膠質(三仙膠、海藻膠、卡波膠)或者是高效保濕的玻尿酸、納豆萃取(γ-PGA),這些**膠質的分子量動輒數十萬到一兩百萬道耳吞,加得越多,網住的美白成分越多,擦在皮膚上,滲入肌膚的效率相對地降低。**消費者感覺到是很保濕不錯,(美白又**保濕,感覺很滿意。**)但實際上,美白效果卻很差。所以,有些人,對於美白精華一點都不保濕很不能接受,其實這種美白精華,才能確保美白效果,要保濕,美白之後再擦還來得及。**過於重視美白精華的保濕度,其實是拿美白效果來換保濕**,得不償失啊!

最佳美白保養組合

美白得要有「圍城」概念的。所謂**多元的美白成分,不是加了十幾二十種在配方中,而是配方中的美白成分,每一種都要能各司其職,各有所長。**

當然，把所有不同專長的美白成分，全放在同一瓶，是有配方上無法周全照顧到活性安定化的盲點的。所以，改為前後瓶相扣互補的方式來使用，會是較為聰明的選擇。

我對一般消費大眾推廣理性化的化妝品知識已超過十年。針對保養品來說，**「精準」的選擇建議，是選擇「單品」即可。但在沒有深度論述品牌的單品價值的時候**，我反而會**建議消費者使用同一品牌的保養品**，就算要更換，也等使用完了之後一起更換成另一個品牌。

當然，這是需要解釋為什麼的。因為「混搭式保養」已經成為一種趨勢，而混搭不同品牌的保養品或彩妝，往往是一些比較注意流行報導、經常閱讀報章書籍網路化妝品資訊的族群。當然，也有「摸索族」，喜歡拿自己當試驗，長年尋尋覓覓樂此不疲。百貨公司週年慶、特賣促銷會，也是造成混搭族人口居高不下的原因之一。（**重點是：混搭族的暴增，不是因為大家的保養概念提升所致啊！**）

混搭保養組合，是聰明人的作法，這點絕對錯不了。問題出在你可能EQ很高、算盤很精、眼睛耳朵接收訊息的速度很快，但如果你的化妝品知識可能是幼稚園班的程度，那麼混搭所得到的效果，多數時候比使用同一品牌來得「慘」。

既然如此，「為什麼不乾脆建議大家使用同一品牌就好呢？反正消費

大眾沒幾個人能清楚辨識產品好壞,也無能力去判斷。」這點解釋也是非常重要的喔!

因為品牌的系列產品,**品項過於繁複**(譬如完成一套美白保養程序,可能有五瓶、七瓶甚至十瓶,還要分前後次序擦在臉上)。不同**品項之間的美白成分的區隔性不夠,**(從洗面乳到晚霜,一次七瓶九瓶的,使用的美白主力卻始終相同。這樣的系列品項設計,充斥在整個市場。超過七成的品牌是這樣玩的。)還有產品的劑型、搭配**建議的使用順序等等,**往往**無法達到最佳的滲透效果**(像是精華液一定建議在化妝水之後使用,但精華液若濃稠不堪,後擦的品項反而滲不進皮膚裡)。

當然,最詬病的還是,一定要用那麼多瓶嗎?如果主力成分幾乎相同,再怎麼堆疊(擦了好多道程序),也無法創造奇蹟啊。

所以,即使是使用同一品牌的美白商品,還是要有能力判斷,到底挑一系列中的哪幾支使用就可以,這樣才是有效率、不浪費時間與金錢的保養。

而當你有足夠能力可以挑選系列中最值得購買使用的商品時,才可能有能力進一步去嘗試「混搭」式的保養組合。

就先從概念開始,再跟著我一起上路看優質美白產品。

基本概念是，**水溶性的美白成分，適合放在水性基質的配方中，像是化妝水、水性安瓶、水性基質的精華液中**。要美白效果好，不選擇同時添加高效保濕的成分，特別是帶高黏稠感的質地要避免。所以，凍膠劑型的美白產品，因為卡住了成分的滲透機會，其效果會最抱歉。

乳液、乳霜類的美白產品，以選擇使用油溶性的美白成分，其美白的意義最大。如果訴求的美白成分，全都是水溶性的，那至少這乳霜中不能含有高比例的高分子膠質，才不會阻擾美白成分的滲透。不過話說明白，水性的美白成分放在乳霜中，其效果並不出色，還不如選質地不黏稠的精華液、安瓶等來使用，再接著用乳液。

因為水性美白配方，滲透性不佳，所以第一瓶化妝水（**或許已經含有相當的美白成分了**）最好具有前導液的功效（**助滲透的意思**）。第二瓶精華液，則取膠質少的、美白成分之外不相關的配套保養成分簡單些的。第三瓶，乳液或面霜，可以選擇含抗氧化、油性美白、肌膚營養成分等組合，讓這瓶乳霜對第二瓶美白精華，有「助推」進肌膚的功效。

當然，也可以結合「第一瓶+第二瓶」具滲透作用的美白精露，不必拘泥於一定要幾瓶。

優質美白產品看過來

在評選美白產品的過程中，發現產品最大的問題出在：

1. 配方基質過於複雜。

2. 劑型不合宜（像是全部為水性美白成分，卻做成偏油性的乳液質地）。

3. 美白成分的組合與配方提供的安定化環境不搭（不該一起用的放在一起了，該鹼性配方的卻調成酸性、該酸的卻變成鹼的）。

4. 大分子保濕劑與高分子膠加太多了，太濃稠了。

　　而這些狀況多數出現在精華液，讓人覺得惋惜。品牌只顧著加碼精華液中的美白成分，種類要很多以及濃度要更高些，但忽略了基本配方要素、忽略了能不能真正有效。

　　從全成分解析，已經篩選淘汰掉一半的品牌。到質地確認、進實驗室測試，最後竟只留下約參選數量的十分之一。我不禁思索是否太過嚴苛？是否成了美白市場的殺手？

　　最後我還是堅持這樣的結果，化妝品產業是個產品多變、更新速度奇快無比的流行產業。今天我否定它，才能加速催生明日更好、更理想的商品。如果今天我來個通通有獎，那麼對我的讀者來說，就沒有辦法從書中學習到選擇優質產品的功力。

　　所以，美白優質選的大原則：1.美白組合不能錯置。2.合理的配方環境（**包括劑型、滲透助劑的搭配**）。3.活性的保鮮效益。4.基質的安全。

優質保養品
「美白類」↘

01

雅佛麗露Yesturner／
荔妍嫩白化妝水

對喜愛天然來源、基質副劑單純者,這款化妝水輕
鬆安全無負擔。

適用年齡：15 → 35
適用膚質：各種肌膚
適用對象：膚色暗沈、曬黑、全臉美白保養

使用方法：
潔膚後，第一道保養品。直接倒在手掌心或化妝棉上，全臉使用。

小叮嚀：
1.年輕國、高中肌膚，夏天可一瓶搞定的美白保養。外出搭配防曬品即可。
2.熟齡者，建議搭配美白功能性較強的精華液使用。

成分：
主力成分：荔枝籽萃取／甘草酸鉀
協同成分：沒藥精油／海藻萃取／玫瑰精油／維生素原B5／有機礦物離子鋅錳鎂

達人分析：
外觀為澄清透明的化妝水。滲透保濕助劑（酒精／丁二醇／甘油／Polysorbate 20
／防腐劑）。產品帶極淡的優雅玫瑰香，使用起來清爽保濕不黏膩。無酒精味、無
化學香精。

商品附加特色：
1.以較安定的荔枝籽萃取為主力，含多酚、黃酮素、花青素，具抗氧化、美白功
效。
2.配方以極簡方式，無大分子干擾，是另一種美白成分選項。pH5.7弱酸性配方。

02

佳麗寶Kanebo／
活力美白露

品牌獨具的美白配伍，具漸進式美白價值。

適用年齡：20 → 40
適用膚質：各種肌膚／酒精不過敏肌膚
適用對象：膚色暗沈、曬黑、全臉美白保養

使用方法：
潔膚後，第一道保養品。或高機能安瓶後使用。

小叮嚀：
1.年輕肌膚，夏天可一瓶搞定的美白保養。外出搭配防曬品即可。
2.熟齡者，建議搭配美白功能性較強的精華液使用。

成分：
主力成分：維他命C醣苷／火棘果萃取／虎耳草萃取／接骨木萃取／薏苡萃取／厚朴萃取
協同成分：消炎抗菌（甘草酸鉀／金銀花萃取／甘草根萃取）

達人分析：
外觀為澄清帶橘紅色透明化妝水。滲透保濕助劑（酒精／雙丙二醇／甘油／可溶化劑／數種防腐劑）。無香料，具酒精味，帶輕微稠度。塗後具保濕感，無黏膩現象。

商品附加特色：
1.pH6.6，除維他命C醣苷之外，運用品牌獨有的複方美白植物萃取。
2.基質選用安全無虞，酒精乃為這個漢方化妝水必要的滲透助劑。

3.火棘／虎耳草／薏苡／厚朴等漢方萃取成分，目前也具體看到科學研究面的功效肯定，提供喜好漢方美白者的另一個選擇

03

寵愛之名／
亮白淨化化妝水

以水性活膚成分為主，保濕、美白、活膚、角質更新、抗敏消炎等成分均到位，是款簡單可感覺到亮白效果的化妝水。

適用年齡：18 → 35
適用膚質：各種肌膚
適用對象：膚色暗沈、曬黑、全臉美白保養
使用方法：
潔膚後，第一道保養品。直接倒在手掌心或化妝棉上，全臉使用。

小叮嚀：
1.水性營養成分居多，利用面膜濕敷外加保鮮膜方式助滲透，可達到更好的效果。
2.搭配酸性精華液於後使用，可使角質更新效果更明顯。（像是左旋維他命C，但不要是維他命C醣苷或維他命C磷酸鎂。）

成分：
主力成分：Thiostim™硫化物／ Lumiskin二硫辛二醇／櫻桃萃取／番茄萃取／乳酸
協同成分：甘草酸鉀／酵母萃取／芙蓉萃取／尿囊素／PCA-Na

達人分析：
外觀為清澈無色化妝水（保濕滲透劑丙二醇／無酒精／無可溶化劑／防腐劑／香

料）。使用起來清爽微滑感，用後留有不黏膩的保濕感，櫻桃果香味。

商品附加特色：
1.pH4.0酸性配方，在長久使用下，具有乳酸溶解老舊角質的更新亮膚作用。
2.以非美白主流成分的兩種硫化物，作為肌膚亮白主力，加上多種小分子植物萃取
等護膚成分，基質單純無負擔。

04

CHIC CHOC／
亮白C系列N／晶透化妝水
以水性活膚成分為主，美白、抗氧化為主訴求，是款簡
單、符合年輕肌膚美白保養的化妝水。

適用年齡：15 → 28
適用膚質：各種肌膚／酒精過敏者不宜
適用對象：膚色暗沈、曬黑、全臉美白保養

使用方法：
潔膚後，第一道保養品。直接倒在手掌心或化妝棉上，全臉使用。

小叮嚀：
水性營養成分居多，可利用面膜濕敷外加保鮮膜的方式助滲透，以達到更好的效果。

成分：
主力成分：維他命C醣苷／麻絞葉萃取

協同成分：甘草酸鉀／白茶萃取／薏仁萃取

達人分析：
外觀為清澈帶輕微茶色化妝水（雙丙二醇／酒精／甘油／丁二醇／可溶化劑／防腐劑／香料）。清爽微滑感、輕微酒精味，用後留有不黏膩的保濕感，清香。

商品附加特色：
1.弱酸性配方pH6.5，取向天然植物萃取。
2.基質單純，也因為不刻意添加安定維他命C醣苷的化學成分，產品宜趁新鮮使用，久置後顏色變深，屬維他命C醣苷活性降解，其他成分活性則不受影響。

05

玫琳凱Mary Kay／
玫琳凱盈白柔膚水

未刻意添加香料，夏日單一瓶使用即可達理想保濕性。基質配伍安全適當，是一款不錯的化妝水。

適用年齡：18 → 40
適用膚質：各種膚質均可
適用對象：膚色暗沈、膚質乾燥粗荒、美白保濕活膚多重基本保養

使用方法：
潔膚後，第一道保養品。將化妝水倒在化妝棉或手心，全臉均勻塗抹，可以指腹按摩，使更均勻滲透。

小叮嚀：
1.年輕肌膚，夏天可一瓶搞定的保養。外出搭配防曬品即可。
2.熟齡者，可趁化妝水未乾時，隨後搭配其他美白或高機能精華液使用。

成分：
主力成分：維他命C磷酸鎂／維他命B3／維他命C醣苷／桑白皮萃取
協同成分：甘草酸鉀／甘草萃取／白茶萃取／山薑萃取／地榆萃取／PCA-Na／八種胺基酸／人蔘萃取／百里香萃取／月見草萃取／寡胜肽／四胜肽

達人分析：
外觀為無色澄清液。保濕與助滲透（丁二醇／甘油／丙二醇／兩種可溶化劑／防腐劑）。使用起來滑順潤澤高保濕、無油脂黏膩感。

商品附加特色：
1.中性配方pH6.8，以多元的水性美白成分，輔以多元抗氧化植物萃取，作為美白要素。
2.豐富胺基酸等水性小分子活膚成分，提供肌膚基本養分。
3.從美白、抗氧化、活膚的基本化妝水來說，這支產品符合配方安全、多角照顧的價值。

06

DR.WU／
VC美白高機能化妝水

因未動用強力滲透助劑與界面活性劑，所以必然的觸感無滑度與滲透吸收感較差，這點必須要有正確認知。配方中未刻意添加安定劑安定維他命C醣苷，所以會有產品放久泛黃顏色加深現象，購買後趁新鮮使用。

適用年齡：18 → 35
適用膚質：各種膚質／敏感肌膚
適用對象：曬黑、淺層雀斑、膚色暗沈

使用方法：
潔膚後，第一道保養品。將全臉均勻噴霧，噴後可以指腹按摩，使更均勻滲透。

小叮嚀：
1.年輕肌膚，可隨後搭配其他保濕乳或防曬品使用。
2.熟齡者，可隨後搭配其他美白或高機能精華液使用。

成分：
主力成分：維他命C醣苷／杜鵑花酸衍生物／Melaclear II
協同成分：紅藻萃取／荷荷葩葉萃取／酵母萃取／玻尿酸

達人分析：
外觀為淡黃色澄清液。保濕助滲透（丁二醇）。噴霧瓶設計，無黏膩感、無香味、無界面活性劑，使用感清爽舒適。

商品附加特色：
1.以多元的水性美白成分，輔以小分子保濕活膚成分，雖含玻尿酸但濃度不足以影

響滲透性。

2.配方基質簡單安全。弱酸性配方pH5.9。

3.從美白同時活膚的角度來看，對輕熟齡肌膚、敏感型肌膚來說，已經足夠。

07

ROJUKISS／
鮮純C亮白強化液

包裝設計足以說服消費者C粉的高新鮮度，粉末不受潮、眼睛看得見。整體配方組合，使產品不只是維他命C，而是具有可期待膚質改善的美白美膚液。

適用年齡：18 → 40

適用膚質：乾性肌／中性肌／油性肌

適用對象：斑點處加強美白、全臉加強美白抗氧化

使用方法：

潔膚後，第一道保養品。將C粉與精華液充分混合後，按壓兩三滴均勻塗抹在臉上，並適度按摩使滲透至水分蒸乾，色斑處可二次加強局部使用。

小叮嚀：

1.健康肌膚，洗臉後直接使用。後續的保養，像是化妝水類，改以噴霧或用雙手輕拍方式使用，不使用化妝棉。

2.不建議隨後進行敷臉。有敷臉需求時，等敷完臉再擦上，用以避免高濃度的強化液回滲出來。

3.對酸敏感的肌膚，可先拍打化妝水，並趁化妝水未乾的時候，取一兩滴強化液均勻塗抹於全臉，並以指腹按摩促進滲透。把握用量少一點的原則，減少酸刺激問題。斑點處則一樣做局部點狀加強塗抹。後續保養品，以凍膠類、乳霜類為宜。才可以有效加強滲透，同時舒緩酸刺激。

成分：
主力成分：維他命C粉／精華液（桑黃菇萃取／稻穀發酵萃取／葡萄萃取）
協同成分：保濕（玻尿酸／維生素原B5／尿囊素）

達人分析：
混合後為淡黃色澄清液。（助滲透酒精／雙丙二醇／可溶化劑／單一防腐劑／柑橘精油／乳酸鈉）。帶輕微酒精味與滑感的無稠度液體。用後數分鐘即顯清爽，無黏感，清淡柑橘味。

商品附加特色：
1.以新鮮維他命C的使用日期由你決定！使用前才混合的特殊包材設計，成就了享受新鮮卻可以簡單完成的配方理想。
2.從酸度上來看，直接擦拭者，頂多只是短暫時間的酸刺激感。以1%濃度測試pH4.2，直接測試pH3.6。
3.從配方的價值性來說，除了高濃度的維他命C液之外，也提供了抗發炎、活膚的成分。
4.從基質來看，簡單安全。

08

雅芳Avon／
光燦美白精華液（淨斑精華露）

以美白精華的標準來看，利用滲透助劑協助美白成分穿越
角質層，使發揮最大的美白機會，算是成功的商品。

適用年齡：18 → 38
適用膚質：乾性肌／中性肌／油性肌
適用對象：曬黑、淺層雀斑、膚色暗沈

使用方法：
化妝水後或洗完臉，肌膚尚濕潤的時候使用。取適量，充分以指腹輕輕按摩幫助滲
透。

小叮嚀：
1.化妝水以不帶油脂與稠度者為宜，含抗氧化劑者更有加分作用。
2.極低的油脂感，塗擦後可輔以大分子保濕或乳霜保濕助滲透。

成分：
主力成分：維他命C醣苷／水解櫻桃萃取Clairju
協同成分：抗敏多醣／玻尿酸／保濕Polyquaternium-51 ／ PCA-Na

達人分析：
基質為乳液（異十二烷／抗氧化劑dilauryl thiodipropionate／揮發性矽靈／乳化劑
／高分子膠／防腐劑／香料）。助滲透（酒精／甘油／丁二醇／Ethoxydiglycol）。
使用起來清透不黏不油的乳液質地，極微香，帶酒精味。易塗抹分散，塗後無殘留
油脂感。

商品附加特色：

1.將精華露以1%分散於水中，測得pH7.0。

2.引用化妝品較少用的抗氧化劑dilauryl thiodipropionate來協助穩定美白成分。

3.選擇滲透效用佳的Ethoxydiglycol與酒精，協助兩個主力水性美白成分滲透到肌膚裡。雖不確定美白成分濃度多少，但滲透效率在配方中，以不造成肌膚乾燥刺激的大原則下做了最大的努力。

4.除了維他命C醣苷還原麥拉寧、抑制酪胺酸酵素活性之外，選擇較新的水解櫻桃萃取（商品名Clairju）在美白角色扮演上，用以阻斷麥拉寧從黑色素體中轉移到角質細胞，成就抑制黑色素生成、淡化已經形成的黑色素、阻止黑色素轉移，三個不同路徑的美白作用。

09

貝佳斯BORGHESE／
高效妍白再生柔亮精華

以多種化妝品界經典有效的美白複方組合而成。較少有品牌以油性美白為主力，基質還算單純安全，秋冬時節以及可接受較滋潤美白精華者，值得一試。

適用年齡：25 → 50

適用膚質：乾性肌／中性肌／健康肌

適用對象：膚色暗沈、曬黑、全臉美白保養

使用方法：

潔膚化妝水後使用。取適量於指腹，擦在臉上，並按摩幫助滲透。

小叮嚀：

1.利用化妝水未乾時使用，方便塗得更薄、更均勻，也可降低夏季使用的油脂滋潤

感。

2.在使用後，可塗抹凍膠類保濕產品，一來可降低油黏膩感，二來可使保濕效果更好。

成分：

主力成分：

油溶性美白成分（油性維他命C衍生物／Lumiskin二硫辛二醇）

水溶性美白成分（MELACLEAR II／桑科枸樹萃取／ Melaslow ™蜜柑皮萃取／葛根萃取／牡丹萃取／虎耳草萃取）

協同成分：維他命E／綠藻萃取／蘆薈萃取／大豆萃取／紅茶萃取

達人分析：

外觀為白濁凝乳（高分子膠／冷操作乳化劑／香料／防腐劑）。極輕乳液質地，非常易塗抹，塗後留有油脂滋潤感。

商品附加特色：

1.豐富齊全的美白成分大會串。

2.選擇較簡單的冷操作方式，將油性與水性功能性成分混合在一起。

3.塗抹後的油脂感，乃來自油性功能成分，未刻意添加油脂性基劑或副劑。pH6.8。

10

Exuviance／
果酸美白凝膠

麴酸、維他命C與果酸的組合，適合在夜間使用。屬於純水性配方，塗擦後繼續使用乳霜或帶油脂的保養品助滲透是必要的。

適用年齡：20 → 40
適用膚質：乾性肌／中性肌／健康肌
適用對象：膚色暗沈、曬黑後的角質更新、全臉美白保養

使用方法：
潔膚化妝水後使用。選擇同為酸性的化妝水或不含高分子膠質的化妝水配合。趁化妝水未乾時，塗上美白凝膠，有助於薄薄的塗抹均勻。乾性肌膚者或秋冬使用，可在美白凝膠之後，補充含油脂的乳霜來加強保濕與抗氧化。

小叮嚀：
1.配方偏酸，不宜與含有維他命C醣苷、維他命C磷酸鎂（或鈉）等的美白產品同時間使用，也不適合以保濕凍膠於後加強保濕（凍膠會化掉、果酸精華pH值升高，會降低果酸的去角質效果）。

2.年紀大與偏乾性肌膚，採兩星期使用，休息兩星期的方式為宜。

成分：
主力成分：複方果酸10.5%（葡萄醣酸5%／甘醇酸4.5%／檸檬酸1%／乳酸）
協同成分：美白成分（維他命C／麴酸／熊果素／桑椹萃取／甘草萃取）

達人分析：
外觀為透明極淡綠色膠（增稠劑Polyquaternium-10／酒精／丙二醇／丁二醇／防褐變劑Sodium sulfate & Sodium bisulfite／防腐劑／色素）。低稠度滑順膠質，塗後留有黏感與味覺上的酸澀感。

商品附加特色：
1.整體配方酸度pH3.7（1%）。主要效用在角質更新，果酸才是這個配方的主角。
2.美白成分，在此酸度下，能夠安定1%以下的維他命C與麴酸，其他熊果素、桑椹等則為濃度極微的配角。

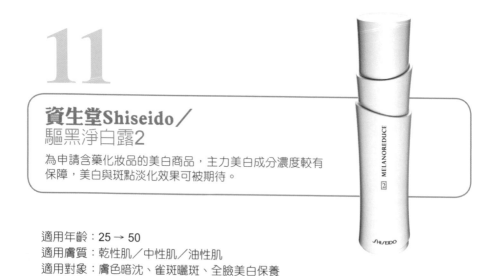

11

資生堂Shiseido／
驅黑淨白露2
為申請含藥化妝品的美白商品，主力美白成分濃度較有保障，美白與斑點淡化效果可被期待。

適用年齡：25 → 50
適用膚質：乾性肌／中性肌／油性肌
適用對象：膚色暗沈、雀斑曬斑、全臉美白保養

使用方法：
化妝水後使用。趁化妝水未乾時，取適量產品，用指腹充分按摩全臉幫助滲透。

小叮嚀：
可搭配滲透乳或美容精等助滲性保養品一起混合後使用，利用加強按摩的方式，幫助滲透，可達更理想的效果。

成分：
主力成分：傳明酸／維他命C醣苷／維他命C乙基／4MSK
協同成分：甘草酸鉀／維他命E／絲蛋白／玻尿酸／山薑萃取／鉤藤萃取

達人分析：
外觀為乳液狀質地（乳化劑／高級醇酸酯類／高分子膠／防腐劑）。助滲透（酒精／雙丙二醇／甘油）。具稠度乳液質地，推開後稍有雪花白濁現象，輕微不透氣感。無香精。

商品附加特色：
1.選擇四種衛署核可的美白成分，美白作用多管齊下。
2.主力美白成分為水溶性，以較濃稠的基質安定美白成分，使用上充分按摩，使乳液質地完全化開，幫助滲透是必要的。

美白品嚴選推薦

　　美白類商品，不容小視「維他命C醣苷」壓倒性地受到品牌的青睞。一百多個參選的美白商品中，引用維他命C醣苷入配方的比率高達七成，堪稱是超人氣美白成分。

　　但很可惜的，能好好妥善地處理維他命C醣苷，並安排其配伍的美白成分的品牌並不多。換言之，多數人買到的含維他命C醣苷的美白品，都會在一年，甚至半年內就變黃，明顯感覺到顏色加深。（**不變色的情況只有兩種，一種是配方安定化處理做得很好，另一種則是添加的比例低到連變色都察覺不出、眼力不易辨識的微量。**）

為什麼會這樣呢？其實是維他命C（與其衍生物）原本就很不安定，從製作成產品開始（**化妝水、乳液或精華液皆然**），它的活性就一路走下坡，一蹶不振，**除了趁新鮮用之外，別無選擇**。也使得在「嚴選推薦」單元中，我沒有背書推薦的空間。對於一直存在的維他命C與其衍生物的美白保養品，老師則以「聰明延伸」的方式，盡量的告訴大家如何選與如何用。

另外要說明的是，在美白嚴選推薦裡的商品，單獨使用，其實還沒到達美白全攻略的境界，還是需要再搭配其他美白品項，才能達到最佳的美白效果。這裡要帶讀者學到的，主要是認識好產品的樣貌，讓自己有能力去選擇更多更好的商品。

嚴選推薦 01 | **ROJUKISS／**
鮮純C亮白強化液

全成分：aqua, ascorbic acid, sodium lactate, dipropylene glycol, alcohol, phellinus linteus／rice ferment extract, grape fruit extract, PEG-60 hydrogenated castor oil, methyl paraben, Sodium hyaluronate, allantoin, panthanol, disodium EDTA, orange peel extract

成分解析

美白架構

水性美白：
抑制酪胺酸酵素活性、還原淡化黑色素
對應成分：ascorbic acid（維他命C）

安撫護膚：
強化免疫、潤澤保濕、角質修復
對應成分：phellinus linteus／rice ferment extract（桑黃菇萃取）、grape fruit extract（葡萄萃取）、Sodium hyaluronate（玻尿酸）、panthanol（維生素原B5）、allantoin（尿囊素）

滲透助劑：
幫助維他命C滲透，穿越角質層障礙
對應成分：dipropylene glycol（雙丙二醇）、alcohol（酒精）、PEG-60 hydrogenated castor oil（可溶化劑）

基質

香味添加：
可溶化劑＋精油
對應成分：PEG-60 hydrogenated castor oil、orange peel extract（柑橘精油）

防腐劑
對應成分：methyl paraben、disodium EDTA（防腐助劑）

酸鹼調節
對應成分：sodium lactate

··

商品解析

1. 洗臉後，第一順位使用的美白加強品。利用皮膚水分未乾的時候塗
抹，較能均勻。色斑部位加強，則待第一次擦後乾燥時再補強。

2. 運用特殊包裝設計，將維他命C粉末與10cc的精華液區隔開。看得見
乾粉狀態的C粉，吸濕潮解活性降低的疑慮大大的消除。

3. 從**使用前才混合的標準來看**，這款維他命C的強化液，堪稱市面上最具
代表性，能同時照顧到使用方便性與高活性的商品。

4. 從提供的維他命C的濃度來看，以粉體與精華液的比配量，約可提供
5%的維他命C液。價值不在濃度高，而在活性高。所以，混合後短期
間內用完，才能確保活性價值。

5. 水性維他命C，不易穿越角質。本品選擇以多元醇+酒精+可溶化劑，
三者協同的方式幫助滲透。雖非最強的滲透協助，但從對肌膚的安全

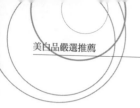

性來看，這樣的組合反而能長期使用。

6. 對於容易因為使用維他命C類起酸刺激反應的肌膚，這款產品的酸鹼值，調整至pH 3.6，雖會造成部分的維他命C離子化，但使用上可大大的降低酸刺激的疑慮。

聰明延伸

1. 選擇強調高濃度維他命C及其衍生物的產品，在無法確定品牌的配方安定技術是否夠水準的情況下，「粉劑式，使用前混合型」，在現階段會是最不會吃虧的選擇。

2. 具有足夠能力生產「安定化維他命C配方」的公司，會強力的行銷這樣的技術能力，以提出充分的實驗數據、發表文獻等資料來佐證。而當這些必要的佐證從缺時，作為一個聰明的消費者，就必須同時想到，購買來的產品的「剩餘價值」。

3. 安定的維他命C配方，另一招數，是使用非水系的溶劑來溶解維他命C。只要不讓維他命C吸水潮解，就不會快速自行氧化而失去美白的作

用。目前，最常用的方式是利用丙二醇來溶解，或利用其他皮膚用藥溶劑來溶解（像是Ethoxydiglycol、N-methyl-2-pyrrolidone）。這一類產品，擦在皮膚上，會有可感覺的局部灼熱現象。（**這是因為瞬間抓取角質層水分，造成皮膚短暫脫水的現象。**）使用這一類產品，可以選擇在化妝水後，皮膚濕潤保水的狀態使用，這樣一來可免於皮膚灼熱脫水，二來也免於過度的溶劑刺激與酸刺激。

4. 最近幾年與未來的維他命C配方，將會大力藉助「滲透助劑」來達到較具體的美白效果。而當滲透助劑被過當運用時（**指比例過高的藥用型滲透助劑**），使用的方法，必須由全臉使用，改為局部加強使用對皮膚較為安全。

嚴選推薦 02 | Exuviance／
果酸美白凝膠

全成分：aqua（water）, alcohol denat., propylene glycol, gluconolactone, glycolic acid, kojic acid, potassium hydroxide,PEG-4, polyquaternium-10, citric acid, lactic acid, arginine,ascorbic acid, bearberry extract, licorice extract, mulberry root extract, sodium bisulfite,BHT,sodium sulfite, butylene glycol, methylparaben, propylparaben, CI 19140（yellow 5）, CI17200（red 33）

成分解析

美白架構

果酸美白：
強力促進角質層溶解代謝與更新，去除角質細胞中沈澱的黑色素
對應成分：5% gluconolactone（葡萄醣酸）、4.5% glycolic acid（甘醇酸）、1% citric acid（檸檬酸）、lactic acid（乳酸）

水性美白：
抑制酪胺酸酵素活性、還原淡化黑色素．螯合銅離子
對應成分：ascorbic acid（維他命C）、kojic acid（麴酸）、bearberry extract（熊果素）、mulberry root extract（桑椹根萃取）

安撫護膚：
抗發炎、抗敏
對應成分：licorice extract（甘草萃取）

滲透助劑：
幫助維他命C、麴酸等水性成分滲透
對應成分：alcohol denat.（酒精）、propylene glycol（丙二醇）、butylene glycol
（丁二醇）、PEG-4

基質

色料修飾：
掩飾維他命C、麴酸、熊果素變色的矯色劑
對應成分：CI 19140（yellow 5）、CI17200（red 33）

防褐變劑：
防止維他命C、麴酸、熊果素見光變色
對應成分：sodium bisulfite、BHT、sodium sulfite

防腐劑
對應成分：methylparaben、propylparaben

酸鹼調節
對應成分：potassium hydroxide、arginine（精胺酸）

增稠劑
對應成分：polyquaternium-10

商品解析

1. 以10.5%複方小分子果酸，作為去除老廢角質的主力。整體酸度pH 3.7，**在角質剝落的效果上，可以看到短期一兩星期內的速效效果。**

2. 配方中添加維他命C、麴酸、熊果素、桑椹萃取。從配方的安定性來看，維他命C與麴酸，在這樣的酸度配方下，半年～一年內，尚可保有其合理的活性價值。熊果素、桑椹萃取，在這麼酸的配方下，屬於極低量添加的配角，談不上作用效果。

3. 就果酸與維他命C的結合，這支產品可達到膚質更新、整體亮白、改善暗沈、改善毛孔粗黑等效果。

4. 就適用對象來說，對酸耐受性不佳的肌膚，仍無福消受。能順利使用者，塗上本凝膠之後，再補上適當含油脂的保濕霜，停用期間補強角質層屏障的保養是必要的。

5. 這支產品適合在夜間使用。白天使用，則盡量避光。使用期間，因為角質層處在偏薄狀態，所以防曬的配套，務必選擇物理性且配方安全度高的防曬乳。

6. 使用後，避免同時以一般的保濕凍膠、凝凍類產品接著使用。（**避免**

膠質中和掉果酸的酸度，造成無效的保養。）

聰明延伸

1. 選擇酸性保養品（**特別是必須在酸性下才具有作用效果的果酸**），記得不與膠質（**特別是鹼性的Carbomer類膠質**）混搭使用。這種情況，常會在不知覺下犯錯。例如，擦了果酸之後，隨著就擦上玻尿酸保濕精華或透明的保濕凍膠。目的是為了加強保濕，而實際上是中和了果酸的酸度，降低了果酸溶解角質的作用力。

2. 任何偏酸性的產品（**特別是pH4以下**），不宜與含有維他命C醣苷、維他命C磷酸鎂、維他命C磷酸鈉等的美白產品同時間使用。此乃因為這些維他命C的衍生物，當酸鹼值落到pH6以下時，其效果與安定性就跟著不佳了。

3. 只有純質的維他命C，有空間與果酸複搭成配方。一般坊間使用果酸，又與維他命C醣苷／維他命C磷酸鎂／維他命C磷酸鈉等配伍在一起的美白品，不是沒有果酸的效果，就是沒有維他命C的效果。更有甚者，當酸鹼調成pH4.5~5.5，就注定兩者都無效囉！

嚴選推薦 **03** | **寵愛之名／**
亮白淨化化妝水

全成分：Thiostim™, yeast extract, propylene glycol, tomato extract,lactic acid, seaweed extract, hibiscus extract, sodium PCA, dithiaocatanediol, dipotassium glycyrrhizinate, methyl paraben, allantoin, urea, tetrasodium EDTA, fragrance, distilled water,acerola essence

成分解析

美白架構

角質更新：
加速新角質細胞生成、加速老廢角質細胞代謝
對應成分：Thiostim™、tomato extract（番茄果酸）、lactic acid（乳酸）

美白成分：
干擾酪胺酸酵素的功能
對應成分：dithiaocatanediol（二硫辛二醇）

協同美白：
抗發炎、抗敏、抗氧化
對應成分：dipotassium glycyrrhizinate（甘草酸鉀）、hibiscus extract（芙蓉萃取）

護膚成分：
小分子保濕成分
對應成分：yeast extract（酵母萃取）、seaweed extract（海藻萃取）、sodium PCA、Allantoin（尿囊素）、Urea（尿素）

滲透助劑：
對應成分：propylene glycol（丙二醇）

基質

防腐劑
對應成分：methylparaben、tetrasodium EDTA（防腐助劑）

香料
對應成分：acerola essence（櫻桃精華）、香精

商品解析

1. 選擇較新的專利成分，硫化物Thiostim™，加速角質更新代謝，作為肌膚亮白細緻光滑的主力成分。配合化妝品界已經引用多年的有效美白複方Melaclear II中的二硫辛二醇，作為美白主力。捨棄不容易安定化的維他命C、麴酸、熊果素等美白成分，反而可以輕鬆的以簡單且安全的配方環境取得優勢。

2. 此款化妝水中的活性成分，以小分子水性物質為主。只利用丙二醇作滲透助劑，可以幫助成分滲透，也可免去夏天皮膚整天黏膩的不適感。

3. 從美白的角度來看，這款化妝水使用之後，有空間可以再加碼傳明酸、麴酸、維他命C、熊果素等酸性美白主力的精華。

4. 這款化妝水，因為基質簡單，活性分子小，可利用濕敷的方式加強角質更新代謝。

聰明延伸

1. 一般保養品，常強調選用的是植物蔬果，含有豐富的植物果酸，可以加速角質更新。但配方卻呈現酸度不足的弱酸性者（**像是 pH5.0~5.5**），就不用聽信文宣含多少種、多珍貴、多高濃度的果酸等沒有意義的說詞了。

2. 強調含有果酸的產品，只要是水溶性的果酸，不論添加多少濃度，都必須在pH 4.0以下，才能有可期待的角質更新功效。

3. 混搭不同美白產品時，這款化妝水與果酸的情況相似，並不適合拿來與中性～弱鹼性的維他命C磷酸鎂／維他命C磷酸鈉等前後混搭使用。

大募集幕後花絮

　　這一次的優質保養品評選，不是由我去搜尋或商借自己了解熟悉的保養品，而是採自由報名募集的方式匯集到這些保養品。

　　透過媒體朋友的協助，由我的信箱發出200封 **「優質保養品大募集活動」** 邀請函，邀請的品牌銷售通路，涵蓋百貨專櫃、藥妝店、醫療院所、直銷、網路、開架、賣場、郵購、電視購物、護膚沙龍等。參加資格，產品必須**進入台灣市場兩年以上的資歷**。

　　200封信，當然有遺珠之憾，但我已盡力。

　　有不願意參加的品牌，這必須給予尊重。畢竟品牌銷售的對象與想維持的形象格調各有不同。

　　有品牌來電要我自己「挑選」，看想要「調用」哪幾支產品。這一種情況，我幫他選擇棄權。

　　有品牌希望可以有「合作」的空間。這種置入性行銷的錢，我不能賺，所以無緣讓品牌亮相。

　　實際收到的參與品牌超過100家，但有些品牌進入台灣市場未滿兩年（**至少我的認知是未滿**），有些品牌送來的產品性質未符合募集主題，有些品牌產品是寄到了，但成分說明等均不詳（**品牌助理可能當成是在商借產品拍照吧**），諸如此類超過20個品牌，也只能割捨，無法讓它們曝光。

　　我依照這本書談論的四大主題，「保濕」、「美白」、「防曬」、「抗氧化」

外加「特殊功能」，分成五大類來募集。每個品牌總參賽單品，不得大於五瓶。**由品牌自己選出自家的經典代表來參賽。**

這其實是個很有趣，值得讀者去窺看的重點。平常購買商品時，每一系列的每一款，DM文案都寫得效果不菲，並有銷售人員舌燦蓮花的吹擂。

看在消費大眾的眼裡，說自家產品好，當然是商業行銷上必然的話術，不能盡信。但也不容否定**有不少優質的品牌，全套使用系列產品，還是有一定的功效相扣互補價值存在。**

讀者可以在這個單元看到什麼？品牌的真情告白吧。當參選「品項名稱」被限定，參選「品項數量」被限制時，就會迫使品牌推出自家最出色的產品為代表來參賽囉！（不過還是可以看到有些品牌是急於讓新品曝光，未把握住自家優勢商品，反而因此失掉了被推薦的機會呢。）

不論是否能順利的在我這個「一人裁判」的評比賽中脫穎而出，讀者真的不用懷疑，以下列出的商品，絕對是各家老闆自己心目中的上上之選（或者是現階段很想推薦給消費者的品項吧！）選擇這樣的商品，錯選的機率已經很低了。這也是我能為讀者在寫這本書《化妝品達人Lesson 3──不出錯的保濕‧美白》上，所能做的另一種努力。

品牌自己怎麼選？
入選「優質」保養品：★

價格（台幣）

參賽品牌／**杜克**（1997）		
品牌嚴選之優質商品全名	**價格／包裝容量**	**服務電話／銷售通路**
色素修復加強劑Phyto+ GEL	$3,000／30ml	0800-361-885
保濕B5凝膠 Moisture B5 Gel ★	$2,800／30ml	診所（皮膚科、整外）
精華液15% Serum C15	$3,300／30ml	藥局
強效精華液 Serum C+E ★	$5,000／30ml	
活顏修復霜 Biorepar Gelcrem	$2,500／50ml	

參賽品牌／**法國雅漾Avene**（1997）

品牌嚴選之優質商品全名	價格／包裝容量	服務電話／銷售通路
美白精華液	$2,100／30ml	0800-000-545
舒護活泉保濕乳	$960／50ml	藥妝店
賦柔滋養霜	$1,450／40ml	
舒護清爽防曬乳SPF50+	$1,110／50ml	
活膚除皺精華	$1,400／15ml	

參賽品牌／**碧芙蕾詩BioFlash**（2004）

品牌嚴選之優質商品全名	價格／包裝容量	服務電話／銷售通路
青春煥顏精華乳	$1,500／60ml	0800-068-098
活力泉源保濕霜 ★	$1,600／50g	藥妝店
絲光Q10精華乳	$1,500／60ml	
清爽隔離乳SPF30	$750／40ml	

參賽品牌／**NEO-TEC**（1998）

品牌嚴選之優質商品全名	價格／包裝容量	服務電話／銷售通路
NEO-TEC高效美白抗皺精華	$2,500／30ml	0800-532-666
NEO-TEC高效保濕凝露	$2,000／30ml	藥妝店
NEO-TEC高效緊緻抗皺精華	$2,500／30ml	
NEO-TEC多於賦活因子精華霜	$3,500／40g	

參賽品牌／**Exuviance**（2003）

品牌嚴選之優質商品全名	價格／包裝容量	服務電話／銷售通路
Eexuviance果酸美白凝膠 ★	$1,600／40g	0800-532-666
Exuviance果酸精華晚霜	$1,800／50g	藥妝店
Exuviance果酸極緻抗老精華 ★	$2,500／30ml	

參賽品牌／**優麗雅Uriage**（1997）

品牌嚴選之優質商品全名	價格／包裝容量	服務電話／銷售通路
含氧細胞露	$680／300ml	0800-011-359
舒敏嫩膚霜	$900／50ml	藥妝店
淨白高係數防曬霜SPF50+ ★	$1,200／50ml	
超時空賦活抗皺精華霜	$1,800／50ml	
ISO超時空眼部精華乳	$1,800／15ml	

參賽品牌／**菲蘇德美pHisoDerm**

品牌嚴選之優質商品全名	價格／包裝容量	服務電話／銷售通路
乾敏專用潔膚乳	$550／200ml	0800-015-151／醫療院所

參賽品牌／葆療美BIOPEUTIC（1995）

品牌嚴選之優質商品全名	價格／包裝容量	服務電話／銷售通路
富勒寧淨白化妝水	$880／8oz	02-2541-4725
多肽淨白除皺精華	$2,980／2oz	教學醫院
艾地苯淨白青春露	$2,980／2oz	診所
果酸乳液15%	$880／20g	藥妝店
甘麴淨白粉底慕斯		網路

參賽品牌／裴禮康PERICONE（2001）

品牌嚴選之優質商品全名	價格／包裝容量	服務電話／銷售通路
酯化C精純液+高效E	$2,280／0.5oz	02-2541-4725
全效玫瑰保濕乳	$2,580／1.86oz	教學醫院
硫辛酸緊膚水 ★	$1,480／6oz	診所
硫辛酸緊緻凝露（豪華升級版）	$4,980／2oz	藥妝店
無瑕瓷光精華液	$2,980／1oz	網路

參賽品牌／果蕾（2000）

品牌嚴選之優質商品全名	價格／包裝容量	服務電話／銷售通路
菁白賦活露	$850／150ml	0800-095-533
水活多效保濕精華	$1,850／50ml	教學醫院
菁白防護乳	$700／30ml	診所
菁白高效防護乳	$990／40ml	藥妝店

參賽品牌／艾芙美A-derma（1999）

品牌嚴選之優質商品全名	價格／包裝容量	服務電話／銷售通路
燕麥異膚佳乳液 ★	$1,400／400ml	02-2755-4881ext.
燕麥清新舒緩保濕霜	$990／40ml	525
燕麥再生修護精華霜	$1,000／40ml	藥妝店
燕麥自律修護晚霜	$1,400／40ml	診所／藥局

參賽品牌／凱娜詩KINERASE（2000）

品牌嚴選之優質商品全名	價格／包裝容量	服務電話／銷售通路
凱娜詩修護乳霜	$1,850／40g	0800-095-533
凱娜詩除皺高效精華乳 ★	$3,200／30ml	教學醫院 診所 藥妝店

參賽品牌／護蕾Ducray（1999）

品牌嚴選之優質商品全名	價格／包裝容量	服務電話／銷售通路
HD強效肌膚保濕霜 ★	$430／50ml	02-2755-4881ext.525
依可柔護膚乳霜	$850／150ml	藥妝店／診所／藥局

參賽品牌／雅佛麗露 Yesturner (2005)

品牌嚴選之優質商品全名	價格／包裝容量	服務電話／銷售通路
荔妍嫩白精華液	$1,500／30ml	0800-015-151
荔妍嫩白化妝水 ★	$700／120ml	醫療院所
極緻C100嫩白組 ★		
防曬隔離霜SPF50+	$750／50ml	
離子極緻C100導入組組合		

參賽品牌／聖泉薇 Saint-Gervais (2000)

品牌嚴選之優質商品全名	價格／包裝容量	服務電話／銷售通路
修護活膚水	$660／300ml	02-2541-4725
清新白茅保濕乳液 ★	$850／50ml	教學醫院
身臉滋養霜	$880／150ml	診所 藥妝店 網路

參賽品牌／娜芙 NOV (1990)

品牌嚴選之優質商品全名	價格／包裝容量	服務電話／銷售通路
海洋深層水	$590／150g	02-2755-4881ext.
保濕精華液	$1,800／30ml	525
防曬隔離霜SPF35 PA++ ★	$1,000／30g	藥妝店 診所／藥局
防曬隔離飾底乳SPF31 PA++	$1,090／30g	

參賽品牌／寵愛之名 (2004)

品牌嚴選之優質商品全名	價格／包裝容量	服務電話／銷售通路
亮白淨化化妝水 ★	$1,000／200ml	02-2729-0695
極致保濕修護水乳液	$1,350／100ml	藥妝店
亮白淨化完美精華液	$2,000／30ml	
亮白淨化生物纖維面膜	$1,170／33g×3	

參賽品牌／肌膚之鑰 clé de peau BEAUTÉ (1997)

品牌嚴選之優質商品全名	價格／包裝容量	服務電話／銷售通路
嫩白露	$4,600／40ml	02-2314-1731
保濕露（滋潤型）	$2,950／140ml	百貨專櫃
精質乳霜	$15,000／25g	
拋光煥膚面膜組（超微拋光霜+煥膚面膜）★	$5,750／40ml+6套	

參賽品牌／Aesop (2003)

品牌嚴選之優質商品全名	價格／包裝容量	服務電話／銷售通路
香芹籽抗氧化活膚調理液 ★	$1,850／300ml	02-2515-6522
香芹籽抗氧化精華	$1,800／100ml	百貨專櫃

參賽品牌／法國貝德瑪BIODRMA（2000）

品牌嚴選之優質商品全名	價格／包裝容量	服務電話／銷售通路
杜鵑花酸淨白高效潔膚液	$1,480／200ml	0809-071-339
杜鵑花酸美白精華露	$2,080／30ml	藥妝店
水之妍深層柔膚水	$1,650／200ml	
水之妍水漾保濕乳	$1,880／40ml	

參賽品牌／芳珂Fancl

品牌嚴選之優質商品全名	價格／包裝容量	服務電話／銷售通路
皙美白精華液	$1,200／18ml	02-3322-5555
活膚DX化妝水	$680／30ml	02-3322-3333
活膚DX乳液 ★	$680／12g	百貨專櫃
抗皺活顏精華乳	$2,250／18ml	

參賽品牌／契爾氏Kiehl's（1998）

品牌嚴選之優質商品全名	價格／包裝容量	服務電話／銷售通路
草本亮白密集淡斑精華	$1,900／30ml	0800-800-724
小黃瓜植物精華化妝水	$630／250ml	百貨專櫃
馬黛茶多酚活采化妝水 ★	$900／250ml	
白水蓮茉莉UV隔離霜SPF35	$1,250／30ml	
矽藻土微晶霜	$1,650／75ml	

參賽品牌／蘭蔻Lancôme（1984）

品牌嚴選之優質商品全名	價格／包裝容量	服務電話／銷售通路
X3超瞬白精華	$3,100／30mlml	0800-222-990
第四代新水顏舒緩保濕凝露 ★	$1,700／200ml	百貨專櫃
活顏能量抗氧精華	$2,500／30ml	
UV瞬白隔離乳SPF30PA+	$1,650／30ml	
鉑金滋養活鈣眼唇霜	$3,100／15ml	

參賽品牌／碧兒泉BIOTHERM（1996）

品牌嚴選之優質商品全名	價格／包裝容量	服務電話／銷售通路
柔晶喚膚拋光膜 ★	$1,350／75ml	0800-088-868
5000L活泉水凝凍	$1,500／50ml	百貨專櫃
活氧青春2次元精華露	$2,200／30ml	
極淨白潤色隔離SPF25PA++	$1,300／30ml	
極淨白精華	$2,500／30ml	

參賽品牌／Phytomer（2002）

品牌嚴選之優質商品全名	價格／包裝容量	服務電話／銷售通路
玫瑰海洋深層調理露	$1,485／250ml	0800-076-760／百貨專櫃

參賽品牌／植村秀shu uemura（1987）

品牌嚴選之優質商品全名	價格／包裝容量	服務電話／銷售通路
漢萃斷黑淨白精華液	$2,700／30ml	0800-016-099
深海活萃保濕化妝水	$1,050／150ml	百貨專櫃
ACE βeta-G 活采修護凝霜 ★	$2,100／30ml	
HSP極禦防護乳　SPF50PA+++	$1,450／45ml	
漢萃淨透精純C美白面膜組	$1,950／25ml×6	

參賽品牌／香緹卡Chantecaille（2004）

品牌嚴選之優質商品全名	價格／包裝容量	服務電話／銷售通路
五月玫瑰花妍露	$2,300／100ml	02-25045776
花妍水漾保濕露	$3,500／50ml	ext.710
鑽石級乳霜	$6,200／50ml	百貨專櫃
鑽石級眼霜	$7,800／15ml	
花妍活膚煥采面膜	$3,500／50ml	

參賽品牌／雅詩蘭黛Estee Lauder

品牌嚴選之優質商品全名	價格／包裝容量	服務電話／銷售通路
極致晶燦光美白全效精華	$3,000／30ml	0800-668-800
紅石榴維他命凝霜	$1,700／50ml	百貨專櫃
紅石榴能量精華	$1,650／125ml	
極致晶燦光亮白隔離霜SPF50 PA++	$1,800／50ml	
極致晶燦光美白面膜	$2,400／6pcs	

參賽品牌／克蘭詩CLARINS（1988）

品牌嚴選之優質商品全名	價格／包裝容量	服務電話／銷售通路
斗蓬草極效美白精華	＄2,750／30ml	02-2773-1616
水導入超保濕乳	$1,980／50ml	百貨專櫃
青春元氣精露	$2,150／30ml	
第一代礦物UV隔離露SPF40PA+++ ★	$1,450／30ml	
全效活肌萃	$3,000／30ml	

參賽品牌／ANNA SUI（1998）

品牌嚴選之優質商品全名	價格／包裝容量	服務電話／銷售通路
魔力美白精華水	$900／150ml	0800-010-338
水娃娃柔潤精華水	$850／200ml	百貨專櫃
魔幻光透柔白防曬隔離霜SPF35PA++	$1,000／26ml	

參賽品牌／StriVectin（2005）

品牌嚴選之優質商品全名	價格／包裝容量	服務電話／銷售通路
意外皺效霜 ★	$4,300／59.15ml	0800-076-760
完美皺效菁華露	$8,300／26.62ml	百貨專櫃

參賽品牌／迪奧 Christian Dior

品牌嚴選之優質商品全名	價格／包裝容量	服務電話／銷售通路
雪精靈極淨嫩白化妝水	$1,550／200ml	0800-211-530
水律動保濕凝霜	$2,100／50ml	百貨專櫃
雪精靈極淨嫩白防護隔離霜SPF50- PA+++	$1,580／30ml	
逆時全效無痕精華 ★	$4,600／50ml	
精萃再生乳霜	$6,400／50ml	

參賽品牌／瑞士瑞療 Paul Niehans（2005）

品牌嚴選之優質商品全名	價格／包裝容量	服務電話／銷售通路
活細胞淨白精華液	$6,200／30ml	0800-696-988
玻尿酸原液拉提面膜	$6,200／100ml	百貨專櫃
細胞活氧調理液	$2,150／200ml	
活細胞活膚抗老日霜	$6,200／50ml	
活細胞極緻無痕除皺精華 ★	$8,800／30ml	

參賽品牌／SKII（1980）

品牌嚴選之優質商品全名	價格／包裝容量	服務電話／銷售通路
精緻煥白超淨斑精華	$3,000／30ml	0800-093-188
青春精華露	$3,300／30ml	百貨專櫃
360度全效煥采活膚霜	$3,600／80g	
全效防護精華SPF20 PA++	$2,000／30ml	
青春露 ★	$3,100／150ml	

參賽品牌／香奈兒 Chanel（1989）

品牌嚴選之優質商品全名	價格／包裝容量	服務電話／銷售通路
超美白升級版精華液	$3,400／30ml	02-2568-3204
潤澤奈米化妝水	$1,700／150ml	百貨專櫃
活力抗氧化噴式精華液 ★	$2,950／50ml	
多重防曬隔離乳SPF50／PA+++	$1,650／30ml	
奢華精質乳霜	$10,000／50ml	

參賽品牌／依麗莎白雅頓 Elizabeth Arden（1987）

品牌嚴選之優質商品全名	價格／包裝容量	服務電話／銷售通路
天使白賦活精華	$2,600／30ml	0800-212-050
21天霜	$2,000／75g	百貨專櫃
Prevage艾地苯青春A+純晚霜	$5,000／50ml	
Prevage艾地苯橙燦精華	$7,000／50ml	
CLX黃金導航膠囊 ★	$2,800／60顆	

參賽品牌／紀梵希GIVENCHY（1993）

品牌嚴選之優質商品全名	價格／包裝容量	服務電話／銷售通路
Dr.White 20x密集精華液	$2,800／30ml	02-2777-9541
解飢渴保濕優格	$1,650／50ml	百貨專櫃
活力無限精華液	$2,800／30ml	
Dr.White多元防曬隔離霜SPF50 PA+++	$1,550／30ml	
白金級活顏再造抗皺面膜	$3,600／20ml×8	

參賽品牌／水貝爾H2O+

品牌嚴選之優質商品全名	價格／包裝容量	服務電話／銷售通路
水中美白調理水	$980／177ml	02-2712-7669
水中美白膠原激活光采組	$2,480／5ml×4	百貨專櫃
八杯水臉部保濕膠	$1,480／50ml	
綠茶抗氧化化妝水	$1,080／222ml	
海洋晶鑽雙重防曬乳霜SPF30 ★	$1,580／38ml	

參賽品牌／倩碧Clinique（1988）

品牌嚴選之優質商品全名	價格／包裝容量	服務電話／銷售通路
肌本透白極速喚白菁萃	$2,400／30ml	0800-668-800
水磁場保濕凝膠	$1,450／50ml	百貨專櫃
漾肌保鮮霜	$1,550／50ml	
三步驟還原潤膚露	$1,350／125ml	
深層活化超拉提緊容精華	$2,650／50ml	

參賽品牌／貝佳斯BORGHESE（1996）

品牌嚴選之優質商品全名	價格／包裝容量	服務電話／銷售通路
高效妍白再生柔亮精華 ★	$2,180／30ml	0800-085-285
妍白緊顏雙效精華	$2,160／30ml	百貨專櫃
強效潤膚劑	$1,860／50ml	
28刻度微膠原調理組	$7,800／4瓶	
極緻活泉青春緊緻面膜	$1,850／30片	

參賽品牌／BOBBI BROWN（1997）

品牌嚴選之優質商品全名	價格／包裝容量	服務電話／銷售通路
亮妍美白精華液	$3,000／30ml	0800-668-800
瞬間喚膚精華液	$2,500／30ml	百貨專櫃
高效防護隔離霜SPF50 PA++	$1,650／50ml	
煥亮淨顏粉	$1,200／50ml	
夜間修護霜 ★	$2,100／50ml	

參賽品牌／**法國嬌蘭Guerlain**

品牌嚴選之優質商品全名	價格／包裝容量	服務電話／銷售通路
完美肌綻白零秒差精華液	$3,600／30ml	02-2777-1243
超時空水合彈力保濕化妝水 ★	$1,700／200ml	百貨專櫃
完美肌綻白飾底乳SPF30 PA+++	$1,900／30ml	
蘭鑽再造精萃素	$13,000／30ml	

參賽品牌／**荷柏園ROONKA**（1996）

品牌嚴選之優質商品全名	價格／包裝容量	服務電話／銷售通路
橙花公主活妍精華液	$2,200／30ml	02-2834-4780
橙花公主活妍水凝霜	$2,200／50ml	
十二珍草萬靈膏	$1,680／70ml	

參賽品牌／**桑麗卡SONIA RYKIEL**（1991）

品牌嚴選之優質商品全名	價格／包裝容量	服務電話／銷售通路
水活力超能保濕調理露	$1,200／200ml	02-2577-0306
水活力超能保濕乳霜	$1,850／40ml	百貨專櫃
水護罩防曬隔離霜SPF30 PA++ ★	$1,480／30ml	
酵素煥顏面膜 ★	$1,500／2g×30	

參賽品牌／**資生堂Shiseido**（1957）

品牌嚴選之優質商品全名	價格／包裝容量	服務電話／銷售通路
安耐曬臉部溫和防曬乳SPF43 PA+++ ★	$1,100／40g	0800-001-080
驅黑淨白露2 ★	$3,200／45g	百貨專櫃

參賽品牌／**芙緹FORTE**（2004）

品牌嚴選之優質商品全名	價格／包裝容量	服務電話／銷售通路
左旋C淨白活膚液	$4,600／組	0800-211-168
水凝潤澤保濕液	$2,200／10ml×4	百貨專櫃
抗皺活膚煥采精華	$2,850／35ml	
全護清爽防曬噴霧SPF30 PA+++	$800／150ml	
經典風華回靈霜 ★	$5800／50ml	

參賽品牌／**La Prairie**

品牌嚴選之優質商品全名	價格／包裝容量	服務電話／銷售通路
靚白高效精華液	$6,400／30ml	02-6600-6060
魚子美顏豐潤保濕霜	$12,350／50ml	百貨專櫃
多肽精華霜	$7,000／50ml	
多肽CSI乳液SPF30	$6,200／50ml	
魚子美顏緊膚安瓶	$19,500／組	

參賽品牌／**品木宣言ORIGINS**（1997）

品牌嚴選之優質商品全名	價格／包裝容量	服務電話／銷售通路
春光再現無壓淨白精華液	$1,700／30ml	0800-668-800
扭轉乾坤賦活凝乳	$1,500／50ml	百貨專櫃
白毫銀針防護菁露 ★	$2,200／50ml	
Dr.WEIL青春無敵調理機能水 ★	$1,300／200ml	

參賽品牌／**佳麗寶Kanebo**（1968）

品牌嚴選之優質商品全名	價格／包裝容量	服務電話／銷售通路
馥蘭皙兒活力美白露 ★	$1,480／200ml	0800-732-288
馥蘭皙兒活力美白凝乳	$1,480／100ml	百貨專櫃
馥蘭皙兒活力美白凝凍	$1,480／40g	藥妝店
馥蘭皙兒潤活精純露	$2,200／150ml	網路／郵購
馥蘭皙兒潤活精純乳	$2,200／150ml	

參賽品牌／**CHIC CHOC**

品牌嚴選之優質商品全名	價格／包裝容量	服務電話／銷售通路
活膚茶凍	$1,050／25g	0800-732-288
果氛水晶凍	$980／125g	百貨專櫃
晶透化妝水 ★	$850／125ml	
晶透精華乳	$950／50ml	
均衡化妝水（保濕型）	$850／125ml	

參賽品牌／**benefit**

品牌嚴選之優質商品全名	價格／包裝容量
親愛的潤澤霜（Dear John）	$1,350／60ml
拋拋眼緊緻眼膠	$1,080／15ml
美夢成真凝膠	$1,500／50ml

參賽品牌／**瑰珀翠Crabtree&Evelyn**（1983）

品牌嚴選之優質商品全名	價格／包裝容量	服務電話／銷售通路
蜘蛛蘭香水體霜	$1,800／200g	0800-072-066
蜘蛛蘭潔膚磨砂乳	$980／175g	百貨專櫃／網路&郵購

參賽品牌／**蘇菲娜SOFINA**（1999）

品牌嚴選之優質商品全名	價格／包裝容量	服務電話／銷售通路
記憶美白精華霜	$3,000／50g	0800-061-668
水湾透美容液	$1,780／30ml	百貨專櫃
潤白美膚盈透UV防護乳SPF24PA+++	$1,650／30ml	藥妝店
彈力滋潤修護乳	$1,600／25ml	

參賽品牌／**RMK** (1998)

品牌嚴選之優質商品全名	價格／包裝容量	服務電話／銷售通路
果晶潤白露	$1,700／30ml	0800-069-799
均衡美膚露N（果晶白C型）	$1,230／175ml	百貨專櫃

參賽品牌／**香草集House of rose** (2001)

品牌嚴選之優質商品全名	價格／包裝容量	服務電話／銷售通路
柔皙淨白集中修護精華液	$2,380／25g	02-25672955
植物保濕美容液	$2,100／30ml	百貨專櫃
精緻抗老化彈力精華凝膠 ★	$1,750／35g	自營門市

參賽品牌／**法國黎瑞LIERAC** (1998)

品牌嚴選之優質商品全名	價格／包裝容量	服務電話／銷售通路
水膜力保濕精華露	$1,600／40ml	0800-012-021
亮采修護乳	$1,200／40ml	百貨專櫃
彈力抗皺修護精華	$1,880／15ml×3	藥妝店

參賽品牌／**巴黎萊雅L'Oreal Paris**

品牌嚴選之優質商品全名	價格／包裝容量	服務電話／銷售通路
完美淨白再現極亮雙效煥膚精華	$800／15ml×2	0800-211-028
水清新全天候保濕水精華凝霜	$450／50ml	百貨專櫃
完美淨白光采再現密集淡斑精華	$450／15ml	藥妝店
完美UV防護隔離乳液SPF50 PA+++	$500／30ml	開架式＆賣場
膠原填充抗皺密集精華	$600／30ml	

參賽品牌／**DR.Wu** (2003)

品牌嚴選之優質商品全名	價格／包裝容量	服務電話／銷售通路
VC美白高機能化妝水 ★	$720／100ml	0800-083-999
海洋膠原保濕乳 ★	$800／50ml	藥妝店
RS活氧美白精華液	$1,200／15ml	
RS抗氧美白防曬霜SPF35PA+++	$1,000／50ml	
多胜肽抗皺修復霜	$1,650／30ml	

參賽品牌／**幸福菲雅** (2005)

品牌嚴選之優質商品全名	價格／包裝容量	服務電話／銷售通路
美白精華液	$499／60ml	04-2360-2588
保濕精華露	$850／60ml	網路＆郵購
青春精華露	$850／60ml	
防曬隔離乳霜SPF35 PA++	$500／40ml	
靚白活膚霜	$699／15ml	

參賽品牌／蜜妮Bioré（1983）

品牌嚴選之優質商品全名	價格／包裝容量	服務電話／銷售通路
高防曬隔離乳液 SPF50+ PA+++ ★	$249／30ml	0800-016-668
防曬潤色隔離乳液 SPF30	$249／30ml	藥妝店／開架式賣場

參賽品牌／水平衡（1998）

品牌嚴選之優質商品全名	價格／包裝容量	服務電話／銷售通路
保水網化妝水		0800-422-087
保水網水凝露		藥妝店
保水網水乳液 ★		開架式＆賣場

參賽品牌／雪芙蘭（1975）

品牌嚴選之優質商品全名	價格／包裝容量	服務電話／銷售通路
雪芙蘭保濕水凝霜 ★	$179／60g	0800-422-087
臉部防曬乳液SPF50+ PA+++	$139／30ml	藥妝店／開架式＆賣場

參賽品牌／生化美容保養館BioBeauty（2003）

品牌嚴選之優質商品全名	價格／包裝容量	服務電話／銷售通路
色修捷白植物精華液EX2	$450／30ml	0800-023-008
DS玻尿酸深海膠原水凝凍 ★	$420／50ml	網路
蝦紅素紅顏瑩白濃萃露	$520／120ml	
Q10美容精華晚霜	$560／30ml	
3D胜肽立體眼部緊緻精華	$450／15ml	

參賽品牌／自然保養館BeautyEasy

品牌嚴選之優質商品全名	價格／包裝容量	服務電話／銷售通路
藍甘菊傳明酸美白舒妍精華液	$420／30ml	0800-023-008
玫瑰超水嫩晚安凍膜	$269／70ml	網路
雷公根12植物活萃修護精華素	$420／30ml	
美白防曬隔離乳SPF20 PA++	$299／50ml	
茶樹淨痘粉刺水 ★	$299／30ml	

參賽品牌／牛爾愛美保養網BeautyDiy（2004）

品牌嚴選之優質商品全名	價格／包裝容量	服務電話／銷售通路
薏仁甘草美白化妝水	$199／150ml	0800-023-008
絲蛋白細緻面霜	$199／60ml	網路
綠茶抗氧保濕面霜	$199／60ml	
玫瑰果精華油	$229／10ml	
粉刺調理淨化面膜第二代	$199／100ml	

參賽品牌／**Heme** (2004)

品牌嚴選之優質商品全名	價格／包裝容量	服務電話／銷售通路
日安魔力淨白防曬乳	$299／25ml	0800-721-788
玫瑰保濕瑩白面膜	$299／5片	開架＆賣場

參賽品牌／**ROJUKISS** (2005)

品牌嚴選之優質商品全名	價格／包裝容量	服務電話／銷售通路
鮮純C亮白強化液 ★	$1,099／0.35oz × 3	02-8772-7685
雙效亮白精華	$1,099／15ml×2	網路
保濕水潤美膚露	$900／100ml	
美肌水滴面膜	$420／120g	

參賽品牌／**UNT** (2005)

品牌嚴選之優質商品全名	價格／包裝容量	服務電話／銷售通路
傳明酸淡斑美白精華液	$999／30g	0800-555-368
玻尿酸保濕賦活露	$330／150ml	網路
皮拉提斯精華液	$1,200／30ml	
全方位美白防護隔離霜	$450／30g	
多肽撫紋眼霜	$499／15g	

參賽品牌／**凱茵庭** (1996)

品牌嚴選之優質商品全名	價格／包裝容量	服務電話／銷售通路
凱茵庭肌齡返轉精華	$???／15ml	0800-800-560
凱茵庭肌齡酥活乳霜	$???／15ml	網路
凱茵庭極緻完美雙面膜	$???／42g×6片	郵購 電視購物

參賽品牌／**DeMon** (2003)

品牌嚴選之優質商品全名	價格／包裝容量	服務電話／銷售通路
水亮柔白斑點修護素	$3,980／5ml×6	0800-013-058
阿爾卑斯冰泉鎖水凝凍 ★	$2,300／50g	電視購物
阿爾卑斯冰泉舒顏露	$1,200／120ml	網路＆郵購
Buy-Buy眼袋緊緻凝膠	$1,980／20ml×2	
白金永恆再造之鑰	$4,500／50g	

參賽品牌／**SHINNING WAY (1997)**

品牌嚴選之優質商品全名	價格／包裝容量	服務電話／銷售通路
美麗奇蹟面膜	$???／25g×24片	0800-800-560
不老之泉無痕面膜	$???／25g×24片	網路郵購電視購物

參賽品牌／美麗之鑰BUTYLAB（2006）

品牌嚴選之優質商品全名　價格／包裝容量　服務電話／銷售通路

15胜肽Dr.高效抗皺乳霜　$3,100／30ml　0800-013-058／電視購物／網路＆郵購

參賽品牌／Dr.Science（2001）

品牌嚴選之優質商品全名	價格／包裝容量	服務電話／銷售通路
亮白精華液	$???／30ml	02-2655-8218ext.828
全方位美白日霜	$???／50ml	電視購物

參賽品牌／如新Nu Skin（1992）

品牌嚴選之優質商品全名	價格／包裝容量
瀅白三效爽膚水	$1,050／125ml
瑩白三效精華露	$2,050／30ml
CoQ10全方位皮膚修護液	$1,550／15ml
潔膚冰河泥 ★	$940／135ml
活顏彈力青春原液 ★	$3,500／60顆

參賽品牌／雅芳AVON

品牌嚴選之優質商品全名	價格／包裝容量	服務電話／銷售通路
光燦美白柔膚水	$1,200／150ml	02-2901-9000
光燦美白淨斑精華露 ★	$1,400／30ml	直銷
新活海洋元素全新升級版	$3,000／50ml	
新活緊緻煥白精華	$2,000／30ml	

參賽品牌／玫琳凱Mary Kay

品牌嚴選之優質商品全名	價格／包裝容量	服務電話／銷售通路
玫琳凱盈白柔膚水 ★	$1,000／100ml	02-2735-8088
水妍保濕凝露	$1,600／51g	直銷
時光精靈夜晚更新乳	$1,600／29ml	
玫琳凱防曬隔離乳SPF20 PA+ ★	$1,000／50ml	
時光精靈微晶細緻煥膚組合		
微晶煥膚霜（A）	$1,500／57g	
細緻煥膚精華（B）	$1,400／29g	

參賽品牌／MITIS（1988）

品牌嚴選之優質商品全名	價格／包裝容量	服務電話／銷售通路
微整駐顏精華	$5,400／30ml	0800-076-760
菩提潤膚露	$1,550／200ml	護膚沙龍店

參賽品牌／DHC（1999）

品牌嚴選之優質商品全名	價格／包裝容量	服務電話／銷售通路
維他命C亮采精華	$980／25ml	0800-058-518
白金N次方恆采精華霜	$780／45g	網路＆郵購
Q10玫瑰防曬隔離霜SPF30 PA+++	$520／30ml	
Q10豔陽防曬乳SPF50+ PA+++ ★	$550／30g	
頂級GE精華霜	$2,680／45g	

參賽品牌／伊碧Estebel（2002）

品牌嚴選之優質商品全名	價格／包裝容量	服務電話／銷售通路
白皙調理水	$1,200／150ml	02-3393-1060
ESTEBEL MEN朝氣保濕乳液	$1,670／75ml	直銷
ESTEBEL MEN活力青春乳液	$2,300／75ml	
小麥磷脂質晚霜 ★	$1,600／30ml	
蜂蠟無瑕精華液	$2,200／30ml	

參賽品牌／永久Forever（1988）

品牌嚴選之優質商品全名	價格／包裝容量	服務電話／銷售通路
晶透美白凝露	$ 633／28.3g	0800-090-063
蘆薈膠	$581／118ml	直銷
Alpha-E抗皺精華液 ★	$1,085／30ml	
蘆薈保濕防曬霜	$581／118ml	
蘆薈水精華＋緊緻面膜粉	$654／120ml	
	$884／1oz.	

參賽品牌／綠迷雅（2001）

品牌嚴選之優質商品全名	價格／包裝容量	服務電話／銷售通路
晶鑽化妝水	$1,200／120ml	0800-230-990
晶鑽精華露	$1,800／30ml	直營店
晶鑽美顏霜（一般型）	$3,000／50ml	加盟店
晶鑽AB凍晶組 ★	$2,800／10ml×2＊2組	

參賽品牌／歐凱爾O' Kaire（2000）

品牌嚴選之優質商品全名	價格／包裝容量	服務電話／銷售通路
歐凱爾玻尿酸原液	$1,000／30ml	0800-011-359／台灣郵政代售

備註：以上價格、上市年、服務電話、銷售通路等，均為品牌提供之資料。

國家圖書館預行編目資料

化妝品達人 LESSON3：不出錯的保濕‧美白
／張麗卿著. -- 初版. -- 臺北市：寶瓶文化，
2008. 08　　面；　公分. -- (enjoy；36)
ISBN 978-986-6745-38-6 (平裝)

1. 化妝品　2. 皮膚美容學

425. 4　　　　　　　　　　　97013175

enjoy 036

化妝品達人 LESSON3 ── 不出錯的保濕‧美白

作者／張麗卿

發行人／張寶琴
社長兼總編輯／朱亞君
主編／張純玲
編輯／羅時清
外文主編／簡伊玲
美術主編／林慧雯
校對／張純玲‧陳佩伶‧余素維‧張麗卿
企劃副理／蘇靜玲
業務經理／盧金城
財務主任／歐素琪　業務助理／林裕翔
出版者／寶瓶文化事業有限公司
地址／台北市 110 信義區基隆路一段 180 號 8 樓
電話／(02) 27494988　傳真／(02) 27495072
郵政劃撥／19446403　寶瓶文化事業有限公司
印刷廠／世和印製企業有限公司
總經銷／大和書報圖書股份有限公司　電話／(02) 89902588
地址／新北市五股工業區五工五路 2 號　傳真／(02) 22997900
E-mail／aquarius@udngroup.com
版權所有‧翻印必究
法律顧問／理律法律事務所陳長文律師、蔣大中律師
如有破損或裝訂錯誤，請寄回本公司更換
著作完成日期／二〇〇八年五月
初版一刷日期／二〇〇八年八月
初版四刷日期／二〇一三年四月三十日
ISBN／978-986-6745-38-6
定價／二八〇元

愛書人卡

感謝您熱心的為我們填寫，
對您的意見，我們會認真的加以參考，
希望寶瓶文化推出的每一本書，都能得到您的肯定與永遠的支持。

系列：E036　書名： 化妝品達人LESSON3 ——不出錯的保濕・美白

1. 姓名：＿＿＿＿＿＿＿　性別：□男　□女

2. 生日：＿＿＿年＿＿＿月＿＿＿日

3. 教育程度：□大學以上　□大學　□專科　□高中、高職　□高中職以下

4. 職業：＿＿＿＿＿＿＿

5. 聯絡地址：＿＿＿＿＿＿＿＿＿＿＿＿＿＿＿＿＿＿＿＿＿＿＿

　　聯絡電話：(日)＿＿＿＿＿＿＿＿(夜)＿＿＿＿＿＿＿＿＿＿

　　　　　　　(手機)＿＿＿＿＿＿＿＿＿

6. E-mail信箱：＿＿＿＿＿＿＿＿＿＿＿＿＿＿＿＿＿＿

　　□同意　□不同意　免費獲得寶瓶文化叢書訊息

7. 購買日期：＿＿＿年＿＿＿月＿＿＿日

8. 您得知本書的管道：□報紙／雜誌　□電視／電台　□親友介紹　□逛書店　□網路
　　□傳單／海報　□廣告　□其他

9. 您在哪裡買到本書：□書店，店名＿＿＿＿＿＿　□劃撥　□現場活動　□贈書
　　□網路購書，網站名稱：＿＿＿＿＿＿＿　□其他＿＿＿＿＿＿

10. 對本書的建議：(請填代號　1. 滿意　2. 尚可　3. 再改進，請提供意見)
　　內容：＿＿＿＿＿＿＿＿＿＿＿＿＿＿＿
　　封面：＿＿＿＿＿＿＿＿＿＿＿＿＿＿＿
　　編排：＿＿＿＿＿＿＿＿＿＿＿＿＿＿＿
　　其他：＿＿＿＿＿＿＿＿＿＿＿＿＿＿＿
　　綜合意見：＿＿＿＿＿＿＿＿＿＿＿＿＿＿＿＿＿＿＿＿

11. 希望我們未來出版哪一類的書籍：＿＿＿＿＿＿＿＿＿＿＿＿＿＿＿＿

讓文字與書寫的聲音大鳴大放

寶瓶文化事業有限公司

（請沿此虛線剪下）